U0113338

中国工程科技2035发展战略丛书

The Development Strategy of
China's Engineering Science and Technology for 2035

中国工程科技
2035发展战略

航天与海洋领域报告

"中国工程科技2035发展战略研究"项目组

科学出版社

北京

图书在版编目(CIP)数据

中国工程科技2035发展战略. 航天与海洋领域报告 / “中国工程科技2035发展战略研究”项目组编. —北京：科学出版社，2020.1

ISBN 978-7-03-062140-5

Ⅰ. ①中… Ⅱ. ①中… Ⅲ. ①科技发展–发展战略–研究报告–中国②航天工程–科技发展–发展战略–研究报告–中国③海洋工程–科技发展–发展战略–研究报告–中国 Ⅳ. ①G322②V4-12③P75-12

中国版本图书馆 CIP 数据核字（2019）第 181327 号

丛书策划：侯俊琳 牛 玲

责任编辑：石 卉 吴春花 / 责任校对：严 娜

责任印制：师艳茹 / 封面设计：有道文化

编辑部电话：010-64035853

E-mail: houjunlin@mail.sciencep.com

科学出版社 出版

北京东黄城根北街 16 号

邮政编码：100717

http://www.sciencep.com

天津市新科印刷有限公司 印刷

科学出版社发行 各地新华书店经销

*

2020 年 1 月第 一 版 开本：720×1000 1/16

2020 年 1 月第一次印刷 印张：14 1/4 插页：2

字数：287 000

定价：88.00 元

（如有印装质量问题，我社负责调换）

中国工程科技2035发展战略研究
联合领导小组

组　长： 周　济　杨　卫

副组长： 赵宪庚　高　文

成　员（以姓氏笔画为序）：

王长锐　王礼恒　尹泽勇　卢锡城　孙永福
杜生明　李一军　杨宝峰　陈拥军　周福霖
郑永和　孟庆国　郝吉明　秦玉文　柴育成
徐惠彬　康绍忠　彭苏萍　董尔丹　韩　宇
黎　明

联合工作组

组　长： 吴国凯　郑永和

成　员（以姓氏笔画为序）：

孙　粒　李艳杰　李铭禄　吴善超　张　宇
黄　琳　龚　旭　董　超　樊新岩

中国工程科技 2035 发展战略丛书

编 委 会

项目办公室

主　任： 吴国凯　郑永和

成　员（以姓氏笔画为序）：

孙　粒　李艳杰　张　宇　黄　琳　龚　旭

工　作　组

组　长： 王崑声

副组长： 黄　琳　龚　旭　周晓纪

成　员（以姓氏笔画为序）：

丁淑富　马　飞　王亚琼　王宏伟　王晓俊
王爱红　王海风　左家和　白　雁　刘　奕
安　达　孙　粒　孙胜凯　李冬梅　李铭禄
李憑峰　但智钢　宋　超　张　勇　张　莉
张　健　张　博　张文韬　陈进东　范桂梅
周　源　宗玉生　胡良元　侯超凡　袁建华
夏登文　唐海英　黄海涛　崔　剑　梁桂林
董　超　满　璇　裴　钰　阚晓伟　谭宗颖
樊新岩　魏　畅

中国工程科技 2035 发展战略·
航天与海洋领域报告
编　委　会

工作组

航天专题组长：王亚琼

航天专题成员：牟　宇　陆　希　周业军　梁银川　黄剑斌
秦　曈　吴胜宝　王　伟　李文峰　丁火平
文霄杰　董启甲　魏　畅　徐　涛　梁桂林
宋　超　孙胜凯　姜　彬　苑　博　王栓虎
张　熇　杨　雷　靳永强　崔　剑　张永伟
阚晓伟

海洋专题组长：白　雁

海洋专题成员：郝增周　黄思军　郎舒妍　李红志　李　洁
李　腾　刘桂梅　麻常雷　孙龙启　孙　谧
谭　俊　王传荣　王　静　王叶剑　徐　文
曾晓光　赵　昌　赵羿羽　周建平　周　胜
邹巨洪

总　序

科技是国家强盛之基，创新是民族进步之魂，而工程科技是科技向现实生产力转化过程的关键环节，是引领与推进社会进步的重要驱动力。当前，中国特色社会主义进入新时代，党的十九大提出了2035 年基本实现社会主义现代化的发展目标，要贯彻新发展理念，建设现代化经济体系，必须把发展经济的着力点放在实体经济上，把提高供给体系质量作为主攻方向，显著增强我国经济质量优势。我国作为一个以实体经济为主带动国民经济发展的世界第二大经济体，以及体现实体经济发展与工程科技进步相互交织、相互辉映的动力型发展体，工程科技发展在支撑我国现代化经济体系建设，推动经济发展质量变革、效率变革、动力变革中具有独特的作用。习近平总书记在2016 年“科技三会”[①] 上指出，“国家对战略科技支撑的需求比以往任何时期都更加迫切”，未来 20 年是中国工程科技大有可为的历史机遇期，“科技创新的战略导向十分紧要”。

2015 年始，中国工程院和国家自然科学基金委员会联合组织开展了“中国工程科技 2035 发展战略研究”，以期集聚群智，充分发挥工程科技战略对我国工程科技进步和经济社会发展的引领作用，“服务决策、适度超前”，积极谋划中国工程科技支撑高质量发展之路。

① “科技三会”即 2016 年 5 月 30 日召开的全国科技创新大会、中国科学院第十八次院士大会和中国工程院第十三次院士大会、中国科学技术协会第九次全国代表大会。

第一，中国经济社会发展呼唤工程科技创新，也孕育着工程科技创新的无限生机。

创新是引领发展的第一动力，科技创新是推动经济社会发展的根本动力。当前，全球科技创新进入密集活跃期，呈现高速发展与高度融合态势，信息技术、新能源、新材料、生物技术等高新技术向各领域加速渗透、深度融合，正在加速推动以数字化、网络化、智能化、绿色化为特征的新一轮产业与社会变革。面向 2035 年，世界人口与经济持续增长，能源需求与环境压力将不断增大，而科技创新将成为重塑世界格局、创造人类未来的主导力量，成为人类追求更健康、更美好的生活的重要推动力量。

习近平总书记在 2018 年两院院士大会开幕式上讲到："我们迎来了世界新一轮科技革命和产业变革同我国转变发展方式的历史性交汇期，既面临着千载难逢的历史机遇，又面临着差距拉大的严峻挑战。"从现在到 2035 年，是将发生天翻地覆变化的重要时期，中国工业化将从量变走向质变，2020 年我国要进入创新型国家行列，2030 年中国的碳排放达到峰值将对我国的能源结构产生重大影响，2035 年基本实现社会主义现代化。在这一过程中释放出来的巨大的经济社会需求，给工程科技发展创造了得天独厚的条件和千载难逢的机遇。一是中国将成为传统工程领域科技创新的最重要战场。三峡水利工程、南水北调、超大型桥梁、高铁、超长隧道等一大批基础设施以及世界级工程的成功建设，使我国已经成为世界范围内的工程建设中心。传统产业升级和基础设施建设对机械、土木、化工、电机等学科领域的需求依然强劲。二是信息化、智能化将是带动中国工业化的最佳抓手。工业化与信息化深度融合，以智能制造为主导的工业 4.0 将加速推动第四次工业革命，老龄化社会将催生服务型机器人的普及，大数据将在城镇化过程中发挥巨大作用，天网、地网、海网等将全面融合，信息工程科技领域将迎来全新的发展机遇。三是中国将成为一些重要战略性新兴产业的发源地。在我国从温饱型社会向小康型社会转型的过程中，人民群众的消费需求不断增长，将创造令世界瞩目和羡慕的消费市场，并将在一定程度上引领全球消费市场及相关行业的发展方向，为战略性新兴产业的形成与发展奠定坚实的基础。四是中国将是生态、能源、资源环境、医疗卫生等领域工程科技创新的主战场。尤其是在页岩气开发、碳排放减量、核能利用、水污染治理、土壤修复等方面，未来 20 年中国需求巨大，给能源、节能环保、医疗保健等产业及其相关工程领域创造了难得的发展机遇。五是中国的国防现代化建设、航空航天技术与工程的跨越式发展，给工程科技领域提出了更多更高的要求。

为了实现 2035 年基本实现社会主义现代化的宏伟目标，作为与经济社会联系最紧密的科技领域，工程科技的发展有较强的可预见性和可引导性，更有可能在“有所为、有所不为”的原则下加以选择性支持与推进，全面系统地研究其发展战略显得尤为重要。

第二，中国工程院和国家自然科学基金委员会理应共同承担起推动工程科技创新、实施创新驱动发展战略的历史使命。

“工程科技是推动人类进步的发动机，是产业革命、经济发展、社会进步的有力杠杆。”[①] 习近平总书记在 2016 年“科技三会”上指出：“中国科学院、中国工程院是我国科技大师荟萃之地，要发挥好国家高端科技智库功能，组织广大院士围绕事关科技创新发展全局和长远问题，善于把握世界科技发展大势、研判世界科技革命新方向，为国家科技决策提供准确、前瞻、及时的建议。要发挥好最高学术机

① 参见习近平总书记 2018 年 5 月 28 日在中国科学院第十九次院士大会和中国工程院第十四次院士大会上的讲话。

构学术引领作用，把握好世界科技发展大势，敏锐抓住科技革命新方向。”这不仅高度肯定了战略研究的重要性，而且对战略研究工作提出了更高的要求。同时，习近平总书记在 2018 年两院院士大会上指出，“基础研究是整个科学体系的源头。要瞄准世界科技前沿，抓住大趋势，下好‘先手棋’，打好基础、储备长远”；“要加大应用基础研究力度，以推动重大科技项目为抓手”；“把科技成果充分应用到现代化事业中去”。

中国工程院是国家高端科技智库和工程科技思想库；国家自然科学基金委员会是我国基础研究的主要资助机构，也是我国工程科技领域基础研究最重要的资助机构。为了发挥“以科学咨询支撑科学决策，以科学决策引领科学发展”①的制度优势，双方决定共同组织开展中国工程科技中长期发展战略研究，这既是充分发挥中国工程院国家工程科技思想库作用的重要内容和应尽责任，也是国家自然科学基金委员会引导我国科学家面向工程科技发展中的科学问题开展基础研究的重要方式，以及加强应用基础研究的重要途径。2009 年，中国工程院与国家自然科学基金委员会联合组织开展了面向 2030 年的中国工程科技中长期发展战略研究，并决定每五年组织一次面向未来 20 年的工程科技发展战略研究，围绕国家重大战略需求，强化战略导向和目标引导，勾勒国家未来 20 年工程科技发展蓝图，为实施创新驱动发展战略“谋定而后动”。

第三，工程科技发展战略研究要成为国家制定中长期科技规划的重要基础，解决工程科技发展问题需要基础研究提供长期稳定支撑。

工程科技发展战略研究的重要目标是为国家中长期科技规划提供

① 参见中共中央办公厅、国务院办公厅联合下发的《关于加强中国特色新型智库建设的意见》。

有益的参考。回顾过去，2009 年组织开展的“中国工程科技中长期发展战略研究”，为《“十三五”国家科技创新规划》及其提出的“科技创新 2030—重大项目”提供了有效的决策支持。

党的十八大以来，我国科技事业实现了历史性、整体性、格局性重大变化，一些前沿方向开始进入并行、领跑阶段，国家科技实力正处于从量的积累向质的飞跃、由点的突破向系统能力提升的重要时期。为推进我国整体科技水平从跟跑向并行、领跑的战略性转变，如何选择发展方向显得尤其重要和尤其困难，需要加强对关系根本和全局的科学问题的研究部署，不断强化科技创新体系能力，对关键领域、“卡脖子”问题的突破作出战略性安排，加快构筑支撑高端引领的先发优势，才能在重要科技领域成为领跑者，在新兴前沿交叉领域成为开拓者，并把惠民、利民、富民、改善民生作为科技创新的重要方向。同时，我们认识到，工程科技的前沿往往也是基础研究的前沿，解决工程科技发展的问题需要基础研究提供长期稳定支撑，两者相辅相成才能共同推动中国科技的进步。

我们期望，面向未来 20 年的中国工程科技发展战略研究，可以为工程科技的发展布局、科学基金对应用基础研究的资助布局等提出有远见性的建议，不仅形成对国家创新驱动发展有重大影响的战略研究报告，而且通过对工程科技发展中重大科学技术问题的凝练，引导科学基金资助工作和工程科技的发展方向。

第四，采用科学系统的方法，建立一支推进我国工程科技发展的战略咨询力量，并通过广泛宣传凝聚形成社会共识。

当前，技术体系高度融合与高度复杂化，全球科技创新的战略竞争与体系竞争更趋激烈，中国工程科技 2035 发展战略研究，即是要面向未来，系统谋划国家工程科技的体系创新。“预见未来的最好办法，就是塑造未来”，站在现在谋虑未来、站在未来引导现在，将国家需求同工程科技发展的可行性预判结合起来，提出科学可行、具有中国特色的工程科技发展路线。

因此，在项目组织中，强调以长远的眼光、战略的眼光、系统的眼光看待问题、研究问题，突出工程科技规划的带动性与选择性，同时，注重研究方法的科学性和规范性，在研究中不断探索新的更有效的系统性方法。项目将技术预见引入战略研究中，将技术预见、需求分析、经济预测与工程科技发展路径研究紧密结合，采用一系列规范方法，以科技、经济和社会发展规律及其相互作用为基础，对未来 20 年科技、经济与社会协同发展的趋势进行系统性预见，研究提出面向 2035 年的中国工程科技发展的战略目标和路径，并对基础研究方向部署提出建议。

项目研究更强调动员工程科技各领域专家以及社会科学界专家参与研究，以院士为核心，以专家为骨干，组织形成一支由战略科学家领军的研究队伍，并通过专家研讨、德尔菲专家调查等途径更广泛地动员各界专家参与研究，组织国际国内学术论坛汲取国内外专家意见。同时，项目致力于搭建我国工程科技战略研究智能决策支持平台，发展适合我国国情的科技战略方法学。期望通过项目研究，不仅能够形成有远见的战略研究成果，同时还能通过不断探索、实践，形成战略研究的组织和方法学成果，建立一支推进工程科技发展的战略咨询力量，切实发挥战略研究对科技和经济社会发展的引领作用。

在支撑国家战略规划和决策的同时，希望通过公开出版发布战略研究报告，促进战略研究成果传播，为社会各界开展技术方向选择、战略制定与资源优化配置提供支撑，推动全社会共同迎接新的未来和发展机遇。

展望未来，中国工程院与国家自然科学基金委员会将继续鼎力合作，发挥国家战略科技力量的作用，同全国科技力量一道，围绕建设世界科技强国，敏锐抓住科技革命方向，大力推动科技跨越发展和社会主义现代化强国建设。

中国工程院院长：李晓红院士

国家自然科学基金委员会主任：李静海院士

2019 年 3 月

前　　言

从浩瀚宇宙到蔚蓝海洋，作为高新技术最为集中、产业溢出效应最强的两大领域，航天和海洋科技水平是衡量一个国家科技实力的重要标志，也是一个国家经济实力、国防实力、综合国力的重要体现。21 世纪大国的激烈角逐，就在于“谁探得越深”，“深空”“深海”是人类对世界未知领域的新探索方向，也是科技进步和创新的前沿阵地。

我国实施创新驱动发展战略以来，航天和海洋科技自主创新能力不断加强，从跟跑向并跑转变，部分领域甚至达到世界领先水平。进入空间、利用空间和探索空间能力大幅提升，火箭运载能力进入国际先进行列，2018 年火箭发射次数荣登世界第一；北斗三号基本系统星座部署圆满完成，高分系列卫星“六战六捷”；天宫二号受控再入，标志着中国载人航天工程第二阶段任务圆满完成；嫦娥四号探测器成功在月球背面实现软着陆，成为首台安全降落在月球背面的人类探测器。海洋探测及研究应用能力和海洋资源开发利用能力显著提升，第一艘国产航母下水，可燃冰首次开采成功，深海勇士号 4500m 成功海试，标志着中国深海技术装备由集成创新向自主创新的历史性转变；深海载人潜水器蛟龙号成功到达 7020m 海底，创造了作业类载人潜水器新的世界纪录。航天和海洋两大科技领域取得的创新成果极大地鼓舞了中国人民的创新信念和信心，为全社会创新创造提供了强大激励。

党的十九大报告提出，到 2035 年，我国经济实力、科技实力将大幅跃升，跻身创新型国家前列。要瞄准世界科技前沿，为建设科技强国提供有力支撑。航天强国和海洋强国建设，是我国建设世界科技强国的重要组成部分，是我国航天和海洋工程科技领域未来较长时期的发展目标与战略任务。从航天大国到航天强国，从海洋大国到海洋强国，决不会是一片坦途，我国在两大领域仍存在引领性原创成果不足、应用基础研究薄弱、关键技术储备不足等掣肘，因此需要系统谋划，科学前瞻地选择战略重点和技术路径，积极开展重大科技攻关，实现航天与海洋探索利用技术的弯道超车和全面跨越。

本书围绕“中国航天工程科技 2035 发展战略研究”和“中国海洋工程科技 2035 发展战略研究”两个专题组织开展研究。两个专题均沿用项目研究统一的技术预见、技术路线图等战略研究方法，力求较为准确地把握世界航天与海洋工程科技发展大势，研判可能产生的重大科技突破；综合分析经济社会发展、技术图景和发展需求，提出未来 20 年中国航天与海洋工程科技发展的战略目标、重点任务；从战略性、引领性和系统性的角度，选择关键技术、关键共性技术、颠覆性技术以及基础研究方向，凝练提出重大工程和重大科技项目建议，并绘制我国航天与海洋工程科技发展的技术路线图。

“科技强国”是航天与海洋工程科技发展的共同使命，“更深、更广、更远”是航天与海洋工程科技发展的共同主题。本书对航天与海洋工程科技发展总体框架的顶层论述，主旨鲜明地描绘出两大领域的发展主题和重点任务，便于读者较快地了解未来两大领域的发展导向和技术重点。本书在绘制技术路线图时，强化了基础研究、关键技术与重点任务的对应关系，便于读者更深入地理解技术的应用目的和目标。本书统筹考虑技术推动和需求牵引的双向作用，突出了关键技术、关键共性技术、颠覆性技术以及基础研究方向的研究，符合党的十九大报告提出的“加强应用基础研究”“突出关键共性技术、前沿引领技术、现代工程技术、颠覆性技术创新”的要求。需要说明的是，本书的基础研究方向，主要是支撑工程技术实现的应用基础研究[①]，因此，以产生新观点、新学说、新理论等理论性成果为目标的空间科学研究、海洋科学研究不在本书研究范畴内。

两个专题研究于 2015 年 3 月正式启动，历时两年半，聚集了数十位长期在一线工作的院士、专家和优秀中青年技术人员，召开了 30 余次研讨会，并组织开展了两轮面向 2035 年的技术预见和需求专家调查，共有近千余人次专家参调，共回收 5000 余份有效问卷。

本书共提出了 43 项关系未来 20 年航天强国与海洋强国建设的关键技术，32 项需要开展的基础研究方向，以及“载人与深空探测”“空间物联网”“重型运载火箭”“全球海洋信息精准服务”“南海深蓝能源综合利用”5 个重大工程和“可重复天地往返航天运输系统”“蓝色资源开发”“一体化海洋观（监）测技术装备国产化”3 个重大科技专项。通过问卷调查和专家研究咨询等多种形式，两个专题团队对书稿进行了多轮修改和评审，最终形成本书。

由于研究时间短，资料数据收集有限，书中不妥之处在所难免，敬请广大读者不吝指正。

《中国工程科技 2035 发展战略·
航天与海洋领域报告》编委会
2019 年 8 月

① 应用基础研究是为了解决实际需求而进行的应用理论基础及技术基础研究，通过产生新方法、新方案和建立新标准等解决应用中的基本问题。应用基础研究的应用方向比较明确，是利用其成果可在较短时间内取得工程技术突破的基础性研究，可以理解为应用研究中的理论性研究工作。

目　录

CONTENTS

第二篇　中国海洋工程科技 2035 发展战略研究

第一篇

中国航天工程科技
2035 发展战略研究

第一章
面向 2035 年的世界航天工程科技发展展望

第一节　航天产业与工程科技发展特点

21 世纪以来，人类步入探索与开发利用外层空间的新纪元，世界航天产业保持持续稳定增长，航天技术成为全球发展最迅猛的战略高技术之一，极大地促进了生产力的发展和人类文明的进步，外太空也日益成为各国竞相抢占的战略制高点和竞争焦点。

一、航天在国家战略中的地位日益提升，发展格局日趋多元

世界各国（组织）纷纷将发展航天作为国家战略的重要组成部分，主要航天国家均加强部署实施中长期航天计划，不断创新体制机制，提高进入空间和利用空间的能力。美国实施《国家安全太空战略》《美国国家航天政策》等，强调扩大国际合作、增强空间安全及发展商业航天，以强化航天领先地位、巩固其在世界上的“领导地位”。俄罗斯重整旗鼓，持续更新国家发展规划，规划了“2015 年前恢复，2020 年巩固，2030 年突破，

2030年后跨越”四个发展阶段，持续推进世界一流航天强国建设。2016年，欧盟先后出台新版《欧洲航天战略》《为欧洲统一的空间战略迈向空间4.0时代》，强化了航天在国家（组织）发展中的作用，培育了具有全球竞争力和创新性的欧洲航天工业，增强了欧洲在安全环境下进入和利用空间的自主性，加强了军民航天活动的协同，提升了国际地位并促进了国际合作，推进欧洲航天一体化成为现实。日本连续更新《宇宙基本计划》，制定了2018～2034年的发展规划，并将保障空间安全和航天军事应用作为首要目标，同时提升航天产业化水平，并将航天应用产业作为支撑国家大数据计划的关键基础设施。印度始终把航天视为提升大国地位的舞台，在强调独立自主开展空间活动的同时，大范围开展国际合作，在持续五年规划的基础上制定了2030年航天发展愿景，航天预算每五年翻一番。

越来越多的国家和地区加入航天竞争，如规划在2020年左右拥有独立遥感卫星系统的国家将达到46个，全球航天领域竞争主体日益增加，竞争意愿日益强烈，竞争内容和焦点也不断发展，逐渐向先进技术开发、有限资源争夺、国际规则主导等全方位发展。

专栏1-1 《美国国家太空战略》

2018年3月23日，美国总统唐纳德·特朗普在美国白宫发布了《美国国家太空战略》（*America First National Space Strategy*），开篇就指出发展太空探索事业的三大用途——推动新兴产业发展，催生新的尖端技术，利用军事科技保障国家安全，并从三个维度展开论述。

第一维度，美国优先。从以下五个层面进行阐述：第一层面，美国国家太空政策的制定准则，即国家太空政策以美国利益为最主要的关注方向，确保该政策能够使得美国强大、有竞争力和伟大。美国的太空探索目的开始从为人类拓展认知范围转向为美国的国家竞争力服务。第二层面，强调军民融合发展模式。《美国国家太空战略》强调在国家安全领域、商业领域和民用航天产业之间构建动态和可合作的相互关系。第三层面，构建与跨国企业、组织和个人合作模式，确保美国技术领先地位。美国政府会在与商业部门的合作中确保美国企业在太空探索技术领域的世界领先地位。第四层面，《美国国家太空战略》要确保，即使是在国际协议中，也要将美国人民、工业和商业的利益放在最优先的地位。第五层面，国家太空战略将为体制改革赋予优先级，以便打开束缚美国工业的枷锁，确保美国成为全球太空服务和太空技术的领导者。

第二维度，美国精神。《美国国家太空战略》发扬了美国精神，是对美国传统的开拓和探索精神的延续。主要体现在四个方面：一是国家太空战略建立在美国争做太空探索先驱的传统之上，为下一代的美国太空探索奠定基础；二是确保科学研究、商业和国家安全能够从太空探索中获益是当前的首要任务；三是美国将继续在与人类繁荣富强、安全稳定和其他日常生活密切相关的关键太空系统领域发挥作用，主导对这些系统的创建和维护工作；四是强调将研究出能够确保美国在太空领域领导地位的方法。

第三维度，美国实力。《美国国家太空战略》强调太空领域的和平是通过太空领域的实力来保障的。《美国国家太空战略》将实力解构为六个方面：第一，为了确保美国在国家安全、经济繁荣和科学知识方面的领先地位，美国国家太空战略应确保以下两个至关重要的权利：无阻碍地进入太空的权利，无约束地在太空自由航行的权利。第二，《美国国家太空战略》要求增强太空能力的安全性、稳定性和可持续性。第三，《美国国家太空战略》决定：任何对美国在太空的核心利益构成威胁或者伤害的，都将遭到美国在选定的时间和地点，对选定的领域，以选定的方式进行有力回击。第四，美国意识到，竞争对手已经把太空变成了战场。第五，美国期望太空永葆和平，但是也做好了迎接和战胜任何挑战的准备。第六，美国将会设法阻止、反击并消除在太空领域对美国及其盟友的威胁。

《美国国家太空战略》给出了实现以上所有愿景的四大支柱。一是向更有弹性的太空架构转变，加速变革以便增强太空架构的弹性、防御能力以及在遭受打击后的重建能力；二是增强威慑和作战选择能力，阻止潜在对手把冲突拓展到太空，如果阻止失败，就击败对手；三是增强基础设施，加强态势感知能力和情报获取能力；四是培植良好的国内和国际环境，精简流程以便更好地支持美国的商业航天产业，去寻求双边和多边合作，来促进人类的探索事业，提升共担责任的能力，寻找到共同应对威胁的方法（邢强，2018）。

二、产业规模持续增长，卫星发射与在轨数量逐年递增

根据美国航天基金会发布的《航天报告（2018）》，2017年全球航天产业持续增长，总额达到3835亿美元。2017年全球商业市场收入约为3073.30亿美元（分项收入见表1-1），在全球航天产业收入中的占比约为80.1%。商业航天产品与服务，包括直播到户、卫星通信、卫星音频广播和对地观测，2018年报告将定位导航授时调整到商业航天产品与服务下，调整后总收入为2114.60亿美元。商业基础设施与保障业，包括地面站与设备制造、商业卫星制造、商业发射、航天保险和亚轨道商业载人飞行（存量订单），总收入为958.70亿美元。

全球卫星发射需求快速增长，国际发射市场竞争日趋白热化。2017年全球共实施90次轨道发射任务，相较2016年的85次多了5次（表1-2）。90次发射任务中，成功85次（含1次部分成功）（唐琼和胡东生，2018），

表 1-1　2017 年全球航天商业市场收入　（单位：亿美元）

分类		收入
商业航天产品与服务	直播到户	976.00
	卫星通信	232.00
	卫星音频广播	54.30
	定位导航授时	818.80
	对地观测	33.50
商业基础设施与保障业	地面站与设备制造	858.40
	商业卫星制造	68.20
	商业发射	24.90
	航天保险	7.10
	亚轨道商业载人飞行（存量订单）	0.10
合计		3073.30

资料来源：《航天报告（2018）》

其中，美国发射 29 次且全部成功，中国发射 18 次，失败 1 次、部分成功 1 次。全球运载火箭研制发射参与主体日益增加，从美国、俄罗斯向欧洲、日本、印度并进一步向韩国、巴西、伊朗等国家扩展，高轨道国际商业发射市场，如阿里安航天公司、美国太空探索技术公司（SpaceX）、国际发射服务公司三家发射服务商占据了大部分国际商业发射市场份额。中低轨道和搭载商业发射服务市场供应充足、竞争激烈，以俄罗斯、美国和欧洲国家主导的商业发射仍是未来进入空间的主要方式。

表 1-2　2017 年世界各国（地区）主要卫星发射情况统计

国家（地区）	发射次数 / 次	所占比例 /%	成功 / 次	成功率 /%
美国	29	32	29	100
俄罗斯	20	22	19	95
中国	18	20	16.5	92
欧洲	9	10	9	100
日本	7	8	6	86
印度	5	6	4	80
乌克兰	1	1	1	100
新西兰	1	1	0	0

全球在轨卫星数量不断增长，截至 2017 年 9 月，忧思科学家联盟（The Union of Concerned Scientists，UCS）的统计结果显示，全球实际在轨卫星为 1738 颗。如图 1-1 所示，按用途划分，民用（公益性）卫星和商用卫星共计 1378 颗，占在轨卫星总数的 79%，其中商用卫星 788 颗，占比为 45%，民用（公益性）卫星 590 颗，占比为 34%；军用卫星 360 颗，占在轨卫星总数的 21%。

小卫星飞速发展是近年来卫星在轨数量大幅增长的重要原因。随着航天技术、微电子微制造、新材料新工艺的快速应用，小卫星成为当前航天技术创新最活跃的领域之一。根据 2017 年 7 月欧洲咨询公司发布的《小卫星市场前景报告》，未来 10 年全球预计将发射 6200 多颗小卫星，与过去 10 年相比增长显著（王海名，2017）。这些小卫星的总市值（制造和发射）预计将达到 301 亿美元，而过去 10 年仅为 89 亿美元。

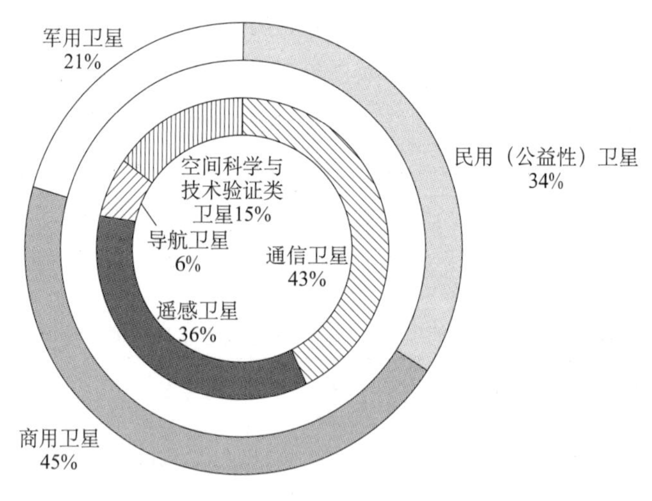

图 1-1　全球在轨卫星情况统计

三、核心能力快速提升，前沿及颠覆性技术备受关注

随着微电子、纳米技术、激光技术、先进制造等众多高新技术在航天

系统中的成功应用，航天技术和装备水平得到大幅提升。航天运输系统向多任务适应性、快速发射、低成本、可重复使用等方向发展；大推力发动机技术、大直径箭体结构制造技术的突破加快了新一代重型运载火箭的研制（冯韶伟等，2014）。卫星由传统单星向“一星多用、多星组网、多网协同”的体系化、智能化转变，并呈现出微小型化卫星和高性能卫星两极发展趋势（图 1-2）；利用新的多点波束和频率复用技术极大地提升了单星容量，以 ViaSat-1、Ka-Sat、Jupiter-1 为代表的高通量宽带通信卫星的宽带接入速度和通信成本与地面网络的宽带接入速度和通信成本相当，正迅速形成产业规模。航天装备研产模式日益向网络化、智能化、柔性化、开放协同和定制化服务发展，“低成本、短周期、高效益”模式将成为传统“高价值、长寿命、高可靠”模式的重要补充并形成部分代替。

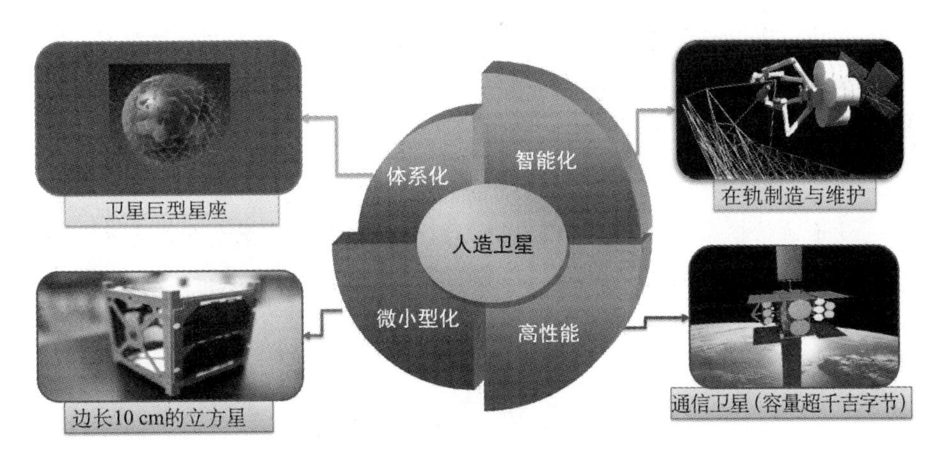

图 1-2　卫星系统的发展趋势

各国高度重视前沿及颠覆性创新，新概念装备、人工智能等方面颠覆性技术研究正在加快推进。量子技术、石墨烯技术、太赫兹技术、核热推进技术和增材制造技术等颠覆性技术在未来将极大地提升航天系统效能、大幅降低研制成本，对航天技术、航天产业、空间科学研究等领域产生重要影响（栾恩杰等，2017）。

专栏 1-2 量子技术、石墨烯技术、太赫兹技术、增材制造技术在航天领域的应用

量子通信利用光子的量子状态加载并传输信息，由于作为信息载体的单光子不可分割、量子状态不可克隆，可以实现抵御任何窃听的密钥分发，进而能保证用其加密的内容不可破译，并且通量容量大、传输速度快，是继电话和光通信后通信史上的又一次革命。量子计算利用量子态的叠加性质，可以实现计算能力的飞跃。量子计算具有经典计算不具有的并行计算能力，能够对某些重要的经典算法进行加速，为解决密码分析、气象预报、药物设计、金融分析等大规模计算难题提供全新的方案。量子精密测量可以实现对重力、时间、位置等物理参数的超高灵敏度测量，大幅提升导航、定位、资源勘探和医学检测等的准确性和精度。在航天领域，未来可实现卫星和地面之间的量子通信，作为广域量子通信体系——“量子互联网”的重要一环。即通过光纤实现城域量子通信网络、通过中继器连接实现城际量子网络、通过卫星中转实现远距离量子通信，最终构成广域量子通信网络（孙静芬等，2016）。

石墨烯是从石墨材料中剥离出来、由碳原子组成的只有一层原子厚度的二维材料，兼具半导体和金属属性，是最薄、最强韧、导电导热性能最强的一种新型纳米材料，力学、电学、热学、光学性能十分突出，被誉为“新材料之王”。石墨烯有望取代硅成为下一代电子元器件的基础材料，应用于高性能集成电路和新型纳米电子器件。在航天领域，未来或可应用石墨烯材料制成长达数万米的“太空电梯”缆绳。此外，石墨烯在超新型火箭、碳纤维飞行器外壳等领域也有重要应用（刘兆平和周旭峰，

2013）。

太赫兹在能量上介于电子和光子之间，在众多领域具有独特的优越性和巨大的应用前景，被誉为第五维战场空间的“拓展者”，在军事领域可利用太赫兹成像的远距离透视能力，太赫兹雷达的高精度宽频带特点让隐身无所遁形，太赫兹通信可以开辟战术通信新领域，等等。在航天领域，太赫兹技术可用于空间通信，以及与重返大气层的飞行器通信。太赫兹波在外层空间可以无损耗地传输，用很小的功率实现远距离通信，而且相对于光学通信来说，波束较宽、容易对准，天线系统可以实现小型化、平面化。当飞行器重返大气层时，空气摩擦产生高温，飞行器周围的空气被电离形成等离子体，使通信遥测信号迅速衰减以至中断，此时，太赫兹系统是唯一有效的通信工具（李欣等，2013）。

增材制造技术是通过逐层增加材料的方式将数字模型制造成三维实体物件的一种创新型制造技术，完全不同于传统减材加工成形的制造理念，彻底改变了传统的制造技术路线。在航天领域，增材制造技术已经得到应用，为实现航天器在轨维修提供技术手段，有望实现太空原位制造以及建造运载火箭难以运输的大型结构（栾恩杰等，2017）。长期以来，由于缺乏在国际空间站上按需制造零部件的能力，空间站所需的全部物品都需要在地面上预先制造好之后，依靠运载火箭和飞船送往空间站，消耗了大量的发射时间和成本。增材制造技术的出现和快速发展为解决这些问题带来了良好的契机。增材制造技术有望成为太空原位制造的主要制造模式，未来可支持空间站以及载人登月、载人登火等各项载人航天任务（孙红俊和蒋宇平，2013）。

四、航天发展日趋开放，技术与运营模式不断创新

近年来，航天大国加快推动发展模式转变，逐步形成国家主导、市场参与、全球配置的多元化发展格局，商业航天成为航天发展日益重要的第二战线。SpaceX、轨道科学公司（Orbital Sciences Corporation，OSC）、英国维珍银河公司（Virgin Galactic）等私人机构进入运载领域；“铱星二代”星座更新换代，一网（OneWeb）星座加紧在全球开展合作建设，Starlink 星座已发射两颗试验星，可掀起全球无缝覆盖的低轨卫星互联网建设的热潮；美国行星实验室（Planet Labs）、谷歌（Google）等互联网公司的加入使得商业卫星遥感服务进入互联网、大数据、应用全球化和服务大众化时代。“互联网 +”和商业模式创新将有力地促进航天与国民经济进一步融合，增进航天发展的活力。

专栏 1-3 OneWeb 系统方案介绍

OneWeb 公司是一家美国初创公司，旨在利用大规模低轨卫星星座提供全球宽带通信服务。近年来，全球提出了十余个低轨宽带通信卫星星座计划，OneWeb 系统是其中融资额最高、工程进度最快的项目。OneWeb 系统由空间段、地面段和用户段构成。全系统运行需要 600 余颗卫星，分布在 12 个圆轨道面上。OneWeb 公司将在全球建设数十个关口站，其中部分关口站集成了测控站，另外在美国和英国分设两个互为备份的卫星控制中心（张航，2017）。

（一）空间段

OneWeb 卫星由空中客车防务及航天公司设计研制，卫星将

尽可能地采用成熟的技术和简单的体制，通过批量化生产将单星成本压至 60 万美元。

OneWeb 卫星设想图如专栏图 1-1 所示，每颗卫星发射质量约为 150kg。火箭将卫星送至 475km 高度的圆轨道后，卫星将利用自身的电推进系统经 20～30 天缓慢爬升至 1200km 高度的轨道。卫星不配备星间链路，通过关口站组网通信。卫星与用户间链路采用 Ku 频段，单星形成 16 个长椭圆形波束，共覆盖星下 1080km × 1080km 的范围。单个波束下行速率可达 750Mbit/s，上行速率可达 375Mbit/s。每颗卫星携带两个 Ka 频段圆极化双反射面天线，同时与两个关口站进行通信。单星吞吐量约为 7.5Gbit/s，整个星座总吞吐量为 6～7Tbit/s。由于采用低轨道，链路传输时延仅为 30ms，与地面网络相当。

专栏图 1-1　OneWeb 卫星设想图

此外，大规模星座所使用的 Ku 频段极易对地球同步轨道（geostationary earth orbit，GEO）卫星产生干扰，OneWeb 的系统方案导致多家地球同步轨道通信卫星运营商的强烈反对。为此，OneWeb 公司开发了一种“渐进倾斜”（progressive pitch）的干扰规避技术，并申请了专利。

（二）地面段

因OneWeb卫星不配备星间链路，所以地面关口站是OneWeb系统面向全球提供服务的关键，以实现星座信息的流通以及卫星网络与地面网络的互联。按照目前公布的计划，OneWeb公司将在全球部署55～75个卫星关口站，每个关口站配置10副以上的天线，每副口径超过3.4m，美国至少部署4个。关口站将由美国休斯网络系统公司研制。

（三）用户段

用户段根据应用领域和场景的不同，提供固定、舰载、车载和机载等多种类型终端。用户通过OneWeb终端连接的热点接入互联网。OneWeb系统典型终端示意图如专栏图1-2所示，OneWeb设计的终端天线尺寸为45cm～1m，既有机械式双抛物面天线，也有相控阵天线。

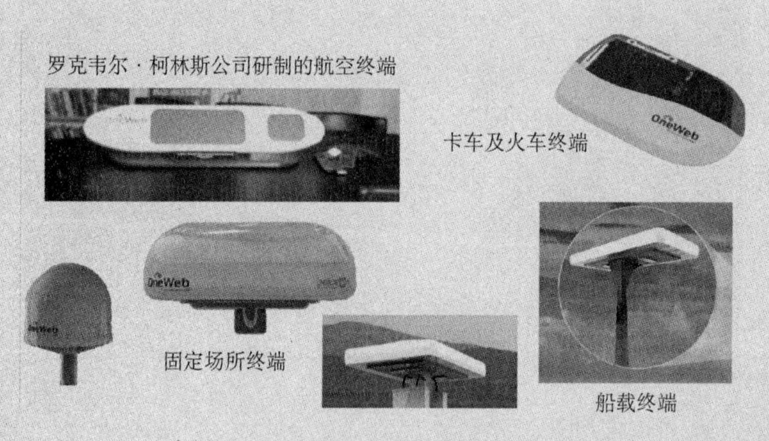

专栏图1-2　OneWeb系统典型终端示意图

OneWeb公司与高通公司合作，由后者提供专用芯片，从而实现终端产品的高质量和低成本。OneWeb公司还与Intelsat公司达成协议，未来将研制支持近地轨道（low earth orbit,

LEO）和地球同步轨道星座的双模式通信终端（李博和刘忠义，2018）。

五、国际合作需求旺盛，国际话语权争夺日趋激烈

当前，航天多边、双边合作日趋活跃，合作范围向载人航天、月球探测、空间科学等方面深化拓展。世界主要航天国家将国际合作作为施加全球影响力的重要举措，积极务实推进通信、导航、遥感等空间系统的全球应用，以及载人与深空探测领域的国际合作。日本已计划把与印度合作登月纳入重点项目，或在2023年共同登月，寻找水源。新兴航天国家不断涌现并将国际合作作为快速提升航天能力的重要手段，进一步扩大了宇航的国际市场和国际合作需求，国际合作呈现合作经营与合作研究开发并重，合作范围、领域与渠道逐步升级扩大的新局面。与此同时，国际竞争博弈日趋激烈复杂，美国屡屡利用出口管制等法律或者经济制裁干预中国航天的发展，并加速构建空间军事同盟，导致相关国家和地区与中国的合作出现不同程度的收紧，航天国际合作的规则制定和主导权仍由美国、欧洲等传统航天强国（地区）掌控。

第二节　航天工程科技国际先进水平与前沿问题综述

进入21世纪，全球航天科技蓬勃发展，各国利用空间和探索空间的需求日益迫切，新概念、新技术大量涌现，航天系统的内涵得到进一步丰富和拓展，形成多技术领域协同发展的新局面和新格局。高可靠、高效费比的天地往返运输系统，几十、上百乃至上千颗微小卫星组成的卫星互联网星座，火星及更远距离的深空探测，在轨加注、组装、碎片清除等在轨

服务都是近年来航天领域的研究热点。

一、航天运输系统

航天运输系统逐步形成了一次性运载火箭、轨道转移飞行器、可重复使用运载器，以及以新型推进技术和其他新技术为基础的新概念运载器。传统以化学推进剂为能源的运载器无法满足未来人类常态化、大规模空间探索的需求，因此需要探索以电磁发射、核热推进等为代表的新概念运载器，满足未来高性能、长寿命的运载需求。以美国为代表的航天强国已基本完成大中型运载火箭更新换代，建立了较完整的运载火箭型谱和体系，主流运载能力达到近地轨道 20t 级、地球同步转移轨道（geostationary transfer orbit，GTO）10t 级（图 1-3）。它们主要围绕降低发射成本和完善火箭型谱两大主题开展新型火箭研制，如欧盟阿里安 6 型火箭，日本艾普斯龙火箭、H-3 火箭，美国猎鹰重型火箭、火神火箭等新型火箭均考虑运载火箭的低成本设计。针对载人与深空探测逐步推进重型运载火箭研制，面向低成本、快速响应的应用需求研制小型快速发射运载火箭，通过助推器或一子级的回收利用和可重复使用飞行器技术实现两级入轨部分可重复使用，均是当前航天运载器技术的发展热点。

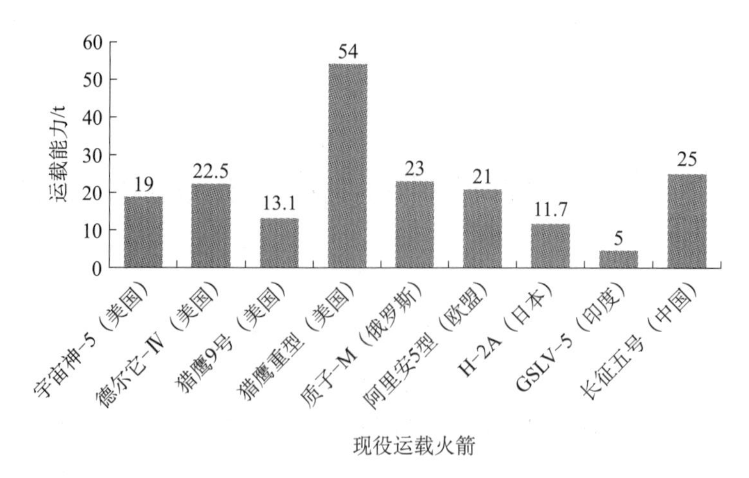

图 1-3　全球主要现役运载火箭近地轨道运载能力

2019年4月12日，SpaceX公司猎鹰重型火箭搭载6460kg的卫星载荷成功发射，并完成两个助推器和芯级火箭的回收。猎鹰重型火箭首次完成商业发射，标志着人类商业太空探索的一大突破。

专栏1-4　SpaceX公司的大猎鹰火箭

2017年9月，SpaceX公司公布了继猎鹰重型火箭后的下一代产品大猎鹰火箭（Big Falcon Rocket，BFR）。大猎鹰火箭采用两级火箭结构，飞船本身就是第二级火箭。按照设计规划，大猎鹰火箭将成为人类首款穿越大气层、征服临近宇宙空间的飞船，可轻松实现载人登月、轨道旅行和地球高速运输的功能。

2018年11月，埃隆·马斯克将大猎鹰火箭更名为“星船”（Starship）并对相关设计参数进行了更改。该系统由助推级（火箭）部分和飞船部分构成，整个系统总长118m，近地轨道设计运载能力达100t。助推级部分：直径9.14m，采用31台猛禽液氧/甲烷发动机，推力达5400t；飞船部分：直径为9.14m，使用7台猛禽发动机推动。

飞船内部加压空间超过空中客车A380大型客机，可搭载100名乘客。飞船部分还可以在轨补加推进剂，以执行近地轨道以远的任务。为了使着陆风险尽可能趋于零，每个发动机内部都有大量的冗余设计。目前，第一艘飞船初样正在制造中，仍需对隔热材料和结构等关键技术进行攻关。整个系统可以进行在轨补加推进剂，因此其在月球探测、火星探测等活动中的运载能力均能达到100t。与猎鹰重型火箭相比该系统规模增加较大，使得SpaceX公司无法基于现有的梅林1D发动机多台并联、3.66m模块直径组合来实现这样的运载能力，而是研发了推力更大，基于全流量分级燃烧循环的猛禽发动机和直径9m级结构模块。猛禽发动机采用液氧甲烷推进剂，可重复使用，性能比液氧煤油发动机更好，且甲烷推进剂可在火星表面制造，因此成为其选择的主要原因。猛禽发动机还处于研制阶段，其设计推力为173t，已经完成了42次试车，累计点火时长达1200s，单次最长达100s。马斯克表示，该发动机的工作时间可以远超100s，目前100s的时长只是受试车用的储箱尺寸所限。大直径复合材料储箱已经完成了原理样机产品研制，进展较快。

为缩短旅行时间，大猎鹰火箭并未采用传统的霍曼转移轨道，地火转移轨道速度为6km/s，平均航渡时间为115天，飞船仍然使用酚醛浸渍碳烧蚀体（PICA）热防护盾，火星和地球进入降落和着陆系统（entry，descent and landing system，EDLS）为高升阻比升力再入+反推着陆，再入速度分别为8.5km/s和12.5km/s（马斯克，2017）。

二、空间基础设施

应用主导、体系化发展、天地一体化建设和全球化服务成为世界应用卫星发展的典型特征，引发了卫星系统新一轮升级换代热潮，连续、定量、业务化趋势明显。

在卫星通信领域，卫星宽带互联网服务成为新的行业增长点，大容量、大功率卫星仍然是市场的主流需求，多波束载荷和灵活载荷成为市场热点。大平台卫星的宽带数据吞吐能力和星上处理能力不断增强，美国ViaSat、欧洲Ka-Sat单颗通信卫星可满足数百万用户需求，计划未来发射的ViaSat-3卫星容量可达1Tbit。全球卫星导航系统进入以美国全球定位系统（global positioning system，GPS）、俄罗斯全球卫星导航系统（global navigation satellite system，GLONASS）、欧洲伽利略卫星导航系统（Galileo satellite navigation system）和中国北斗卫星导航系统（BeiDou navigation satellite system，简称北斗系统）四大系统为主、涵盖区域及增强卫星导航系统的多系统并存的时代，美国军用全球定位系统信号定位精度优于 1m，抗干扰、自主管理、高稳定度、高精度是导航卫星的发展方向（金延邦和张彩霞，2013）。卫星遥感逐步形成立体、多维、全天候和全天时的全球综合观测能力，空间观测与探测迈入“天网”时代。高分辨率的精细对地观测已成为遥感卫星的主流发展方向之一，空间分辨率优于 0.3m，定位精度普遍达到 10m 量级。

近地空间载人航天活动规模不断扩大，长期、稳定运行并能提供多项近地空间服务的空间站系统将成为重要的空间基础设施。近地空间载人航天活动以空间站为主要平台，一方面促进载人航天技术的成熟与完善，开展多样化的空间科学研究和实验，开发并验证空间创新技术，为载人深空探索铺平道路；另一方面拓宽空间站应用规模，突出空间应用综合效益，催生和牵引载人航天商业化运营与发展。近地空间载人航天活动的主体和形式不断丰富，有望出现商业化运营的空间站，如美国毕格罗宇航公司在美国国家航空航天局（National Aeronautics and Space Administration，NASA）的资助下，成功完成了可膨胀太空舱的太空飞行试验。新一代载人飞船更加注重通用性、可重复使用性，可推动载人航天长期可持续发展。降低成本已成为载人航天持续发展现实而迫切的需求，在保证安全性的前提下，采用可重复使用技术和机器人技术等降低载人航天活动的成本，已成为主要发展趋势。

三、卫星应用

航天技术与信息技术融合发展、天基信息与地面信息集成应用成为卫星广泛应用和创新发展的推进剂。近年来，卫星产业规模和发展水平加速提升，卫星应用技术不断创新，应用范围不断扩大，空天地一体化信息融合、共享和综合应用成为共识。

在通信领域，国外在军事和民商领域均开展了天地一体化信息网络的建设和实践，提出了综合通信、导航和遥感等各类卫星的综合天基基础设施，结合地面节点和网络，提供天地一体化的信息服务。Intelsat公司除拥有50余颗在轨卫星外，还发展了IntelsatOne地面网络和电信港。在导航领域，推进与天文导航、惯性导航、室内导航等多种手段的组合运用和时空综合管理，实现多源、复合、高可靠、无缝连接的导航定位（曾小江和江建华，2017），卫星定位导航授时（positioning，navigation and timing，PNT）与移动通信、互联网等多信息载体融合，开展基于位置的产品创新与运营服务，促进了卫星导航产业不断增长（谢军等，2017）。在遥感领域，以高分辨率、高性能卫星为数据源的高精度遥感应用和以低成本、大规模微纳卫星为数据源的高时效遥感应用并行推进，大力发展天地协同、数据共享、与行业特点深入结合的地理信息处理服务。

四、深空探测

截至2019年5月30日，美国、俄罗斯、欧洲、日本、中国、印度等国家和地区先后发射了243个深空探测器，实现了对太阳系大行星（含冥王星）和部分小天体的探访。

其中美国实现了全面探索，力求保持全面领先；欧洲航天局关注火星、小行星等探测热点，突出技术创新；俄罗斯探测自成体系，突出火星、金星探测；日本在小行星探测独辟蹊径，率先实现了取样返回；印度在深空探测领域奋力追赶，目前已初见成效。中国随着自主火星探测任务工程的立项和实施，后续深空探测研究和探索将步入快车道。

在探测距离上，人类探测器已遍访太阳系主要天体，其中旅行者一号已穿越太阳系边缘进入星际空间；在探测目标上，无人探测器已涉足太阳系七大地外行星、矮行星（冥王星、谷神星）、多个小行星和彗星等典型天体；在探测方式上，已针对行星实现了飞越、环绕、着陆和巡视勘查，针对小行星/彗星实现了伴飞、附着、原位探测和取样返回，后续将向以火星无人取样返回为里程碑的综合性探测和以载人火星/小行星探测为终极目标的深度探测阶段迈进（于登云等，2016）。高精度天文自主导航、高可靠长寿命高效空间动力、超大时延探测器自主管理、超远距离高可靠通信（含行星际中继系统）、长寿命生命循环 / 保障系统与地外驻留平台等都是深空探测领域需要重点攻克的前沿问题。

五、在轨服务与维护

在轨服务与维护技术研究不断深入，美国、加拿大、德国、日本等国重点开展了智能灵巧机械臂、多功能末端执行器、大时延遥操作等关键技术攻关，基于空间机器人的在轨服务与维护技术向智能化、模块化和协调化方向发展。

美国已经完成在轨服务与维护绝大部分单项技术的覆盖性验证，随着"凤凰"计划① 的实施，将具备空间维护与服务设施的建设能力。2013 年，加拿大航天局配合美国国家航空航天局在国际空间站完成的"机器人燃料加注任务"，代表了非合作目标在轨加注技术的国际先进水平，凭借其先进的机械臂 / 手技术，于 2018 年前开展了对在轨卫星服务与加注的新技术、新工具和新技能的验证（郭筱曦，2016）。欧洲的在轨服务与维护也具有良好的技术储备，形成了自主的空间机器人 / 机械臂技术，并计划开展商业性在轨维护服务技术验证。日本发挥智能机器人技术优势，推出了包括蛇形灵巧机械臂在内的多种抓捕操作结构，提出了"在轨维修系统（OMS）计划"，应用于碎片清理任务，并积极寻求国际合作。

以在轨服务为主要业务的商业宇航公司如雨后春笋般涌现，如美国的 ViviSat 公司、Tether Unlimited 公司、NovaWurks 公司，以及日本在新加坡注册的 AstroScale 公司、加拿大 MDA 公司等。美国轨道 ATK 公司已经与国际通信卫星公司签署了两份合同，计划于 2020 年前后分别发射 MEV1、MEV2 延寿飞行器，为国际通信卫星公司的两颗通信卫星提供延寿服务。

---

① 美国 Slashdot 科学网站 2012 年 9 月报道称，美国国防高级研究计划局启动了一个名为"凤凰"计划的项目，并组建了一支由美国现有顶级航天专家组成的项目研发团队。

第三节　航天工程科技发展图景

2035年，空间探索与利用进入新时代，智能制造、新型材料、量子技术等的群体突破，将极大地提升火箭、卫星等航天器的性能，以新应用服务牵引的新型航天器将陆续出现，进而全面提升人类进出空间、利用空间、探索空间的能力。通信、导航、遥感卫星与地面信息系统广泛互联融合，形成空天地海一体化的广域信息网络，面向全球提供精准、实时、无缝、泛在的空间信息综合服务，载人探测走向火星等深空，近地太空旅游渐成趋势。商业航天蓬勃发展，卫星应用与信息技术深度融合，将带动世界航天产业持续较快发展，"空间经济"成为信息化时代世界经济的重要组成部分。

一、近地轨道运载能力达到百吨级，航天发射成本大幅降低

重型运载火箭研制成功，具备载人深空探索的能力。美国正在研制的SLS重型运载火箭，预计到2020年底或2021年初实现首飞，后续将通过采用先进上面级和先进助推器逐步提升能力，使近地轨道运载能力达到百吨级。俄罗斯计划以现有较成熟的RD-180液氧煤油发动机和"能源"号重型火箭为基础，研制"叶尼塞"和"顿河"超重型运载火箭，预计在2030年前实现首飞，支撑载人登陆月球，建设月球永久基地。

可重复使用火箭和运载器技术得到推广，能够显著降低发射成本；吸气组合动力技术得到突破，将实现其在航天运输系统上的验证和初步应用。未来新一代运载火箭投入使用，俄罗斯将逐渐使用安加拉号系列火箭和联盟5号火箭替换现役运载火箭，利用无毒无污染的推进剂替代现役大量采用有毒推进剂的运载火箭。欧洲逐步形成较为全面的火箭型谱，实现完全自主进入空间的能力，新一代阿里安6型火箭的投入使用，使欧洲在

商业发射领域的竞争力得以保持。

高效费比商业发射将改变世界发射服务格局。美国将继续推动商业航天公司的发展，逐步将所有近地轨道运输任务交由商业公司，并在未来深空探索活动中，越来越多地借助商业公司的力量。

二、空间基础设施步入融合服务新时期，系统建设和服务水平换代升级

空间基础设施体系化、网络化建设是未来发展趋势，通信、导航、遥感卫星相互融合，实现信息获取、信息存储、信息传输和信息挖掘的跨域多层次自主融合。商业通信和遥感大规模星座完成部署与商业运行，卫星应用向空天地海一体化统筹、多手段多维度全要素综合应用发展，与新一代信息技术深度融合并面向全球提供精准、实时、无缝、泛在、智能的空间信息综合服务。

多项通信卫星前沿与关键技术研发应用取得重大进展，将大幅提高卫星通信系统效率。Q/V 频段资源从仅用于馈电链路开始逐渐应用于业务链路，波束数量大大增加、频率复用能力增强，将催生数十 Tbit/s 的超大容量宽带通信卫星，打造未来天基信息网络核心节点。空间激光通信稳定性、建联时长、传输速率等不断提升，从传统的通信中继应用走向大规模星间链路组网应用，成为构建天基信息骨干网的关键使能技术。载荷灵活性进一步提高，在轨可编程类器件趋向成熟，软件定义卫星开始大规模涌现，支持各类卫星通信协议、功能的在轨重构和升级（左朋等，2017）。

遥感领域以提升综合能力为主，实现多源、多手段、多平台的数据融合，大幅度提高三维建模、目标识别和精细化遥感等能力，实现可重构成像技术。卫星系统将呈现“大、小两极化发展态势”，大卫星综合能力更加强大，具备甚高可见光和红外分辨率、高图像定位精度和很强的敏捷能力，可实现多种成像模式；小卫星星座系统实现数十乃至数百颗卫星组网，将时间分辨率提高到分钟至小时级，为大数据分析提供了不间断的数据源。

卫星导航系统向更高精度、抗毁顽存、功能多样、持续自主导航方向发展（黄才和赵思浩，2017）。采用激光冷却技术的离子钟、原子钟进入在轨验证阶段，系统频率稳定性达到 10^{-17}～10^{-16} 水平，导航定位服务进入全面分米级时代。空间原子钟技术的进步，特别是小型化的发展有效推动了空间导航、通信体系的融合。随着 X 射线脉冲星导航、红外星图定轨定姿、高精度星敏感器等技术的应用，卫星导航系统有望实现完全自主导航。卫星导航系统全面具备导航功能和信号的在轨重构与升级能力，可依据军事与民用需求或任务、环境需要，实现导航功能、导航信号与功率等的调整、升级或重构，全面提升服务能力。

三、月球探测进入载人探索阶段，火星探测尝试无人采样返回

深空探测向以典型天体无人取样返回为里程碑的综合性探测和以载人火星探测为终极目标的深度探测阶段迈进，世界各国（地区）未来深空探测计划及设想如图 1-4 所示。月球和火星将持续作为重点探索目标，月球探测进入资源利用与载人探索阶段，俄罗斯、日本、韩国等国推进无人月球采样返回任务，商业公司开始实施月球资源勘探活动，美国和俄罗斯联合开展的“深空之门”月球空间站基本建成；火星探测开始尝试无人采样返回活动，日本的“火星卫星探测”和俄罗斯的新“福布斯－土壤”任务将进行火星卫星的采样返回，美国开展载人飞船的无人火星探索之旅，为载人火星探测奠定了基础。木星系统及太阳系其他天体的探索也将不断深入，美国的“欧罗巴快帆”、欧洲的“木星冰卫星探测器”等任务将重点探测木星卫星的生命痕迹及宜居性，同时商业小行星开采任务进入实施阶段。

探测器向小型化、低功耗、轻质量、自主性和高可靠通信等方向发展，并催生新型空间推进技术的应用；月球通信中继系统逐步建设成型；深空电源技术研制出用于大型机器人和载人巡视器的高功率、长寿命燃料电池，太阳电池阵列功率进一步提升至兆瓦级；针对未来火星载人探测需求，研发大质量载荷火星着陆及上升返回技术（田立成等，2015）。此外，

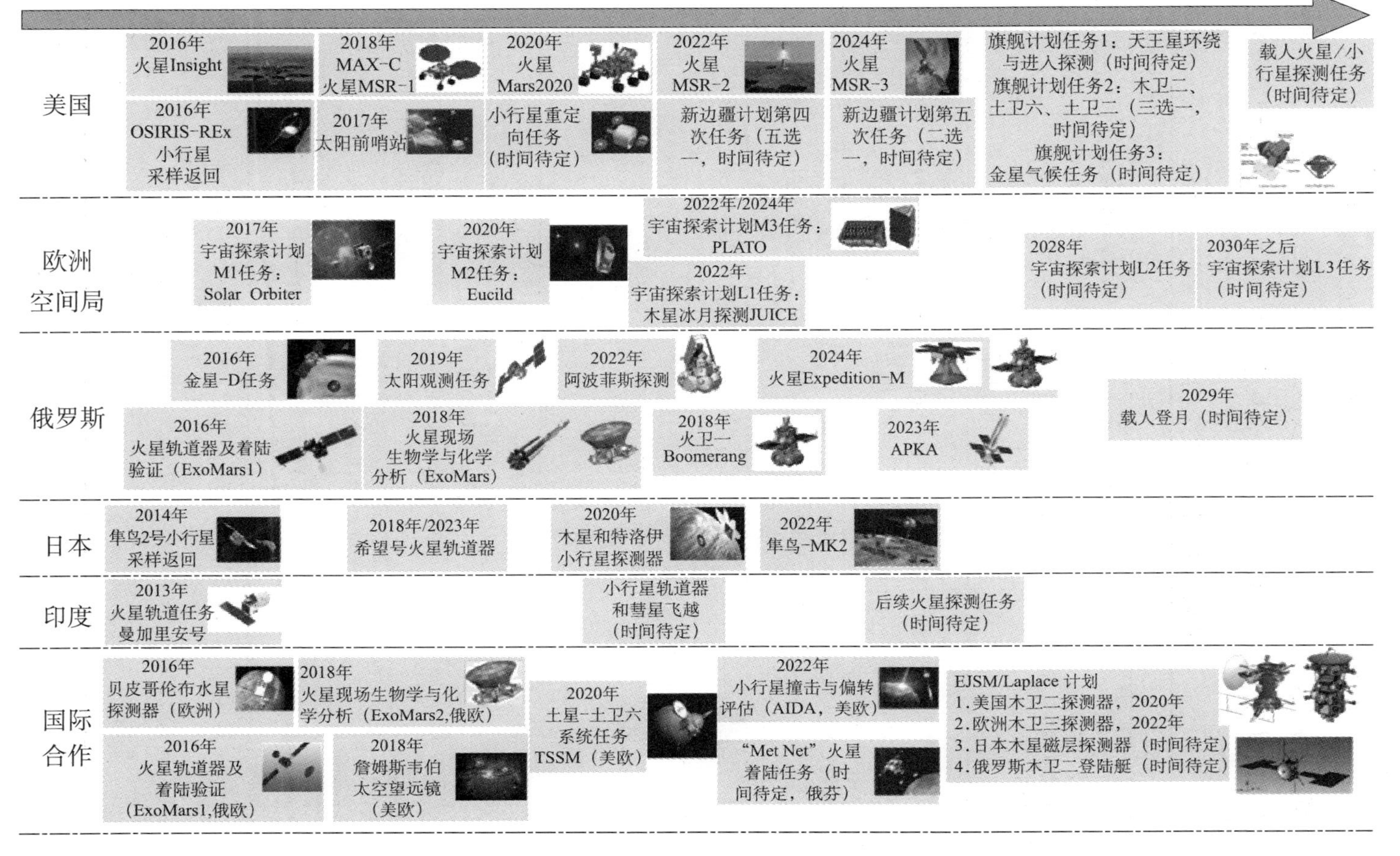

图 1-4 世界各国（地区）未来深空探测计划及设想

美国、俄罗斯、中国都将研发用于将航天员送往近地轨道、月球并返回地球的新一代载人飞船，亚轨道、近地轨道的太空旅行日趋完善，其中美国国家航空航天局提出的实现载人火星探索长远目标所需关键系统见表1-3。

表1-3 实现载人火星探索长远目标所需关键系统

阶段	关键系统	描述	预计完成日期
阶段1（地月轨道；21世纪20年代初）	地月居住舱	到21世纪20年代中期，美国国家航空航天局计划向地月轨道发射一个能保障4人乘组生存60天的居住舱，以测试和验证短时间驻留深空能力。2016年8月，美国国家航空航天局选定了6家美国公司研制地月居住舱地面原型样机	21世纪20年代初
阶段2（地月轨道；21世纪20年代中期）	空间中运输架构	到21世纪20年代初，美国国家航空航天局计划选定一个同时用于载货和载人的空间中运输架构，在化学推进、太阳能电推进和/或混合系统中选择	21世纪20年代初架构选型
	长时间深空中转舱	美国国家航空航天局计划研制并测试一个能保障4人乘组进行1100天火星任务的深空中转居住系统	21世纪20年代末
阶段3（火星轨道；21世纪20年代末到30年代初期）	火星轨道运输飞行器（“火星的士”）	美国国家航空航天局计划研制并测试在高低火星轨道之间运送最多4名乘员的“火星的士”飞行器。“火星的士”可重复使用并可再补加燃料，可在运行在高火星轨道上的深空运输飞行器与火星卫星或火星表面目的地之间来回往返。火星卫星居住舱将验证支撑最多4名乘员生存500天并支持舱外活动的乘员系统	21世纪30年代初
阶段4（火星表面；21世纪30年代中期到30年代末）	火星着陆器和上升飞行器	火星着陆器将向火星表面运输20～30t有效载荷，再入速度高达4.7km/s，使用充气式热防护或降落伞和火箭发动机以减缓着陆。火星车将为至多4名乘员和3t货物在90km内提供机动性。 上升飞行器将利用当地取材的氧气和甲烷来发射4名乘员和最多250kg有效载荷从火星表面入轨。随后，该飞行器将在火星轨道上的空间中推进和深空居住舱对接，回到停留在地球轨道的“猎户座”飞船上，飞船将把乘员安全送回地面	21世纪30年代初
	火星表面居住	表面居住舱将容纳最多4名乘员生存500天，要求有40kW供电能力的电源系统，至少20kW电源用于将二氧化碳转化为氧气供给生命保障和推进系统，设计寿命15年，休眠能力最多达5年	21世纪30年代中期

四、在轨加注、维修维护实现业务化应用，商业服务模式初步形成

在轨服务与维护技术将变革航天器研制模式，卫星由不可维修、一次性使用向可维修、综合应用方向发展，全球新一代卫星普遍采用可维性设计和标准接口。在轨服务与维护由模块更换排除故障和在轨加注延长寿命，向在轨构建大型系统等更高层次发展。空间机器人由第一代的平台与机械臂相对独立，到第二代的平台与机械臂协调控制，发展至第三代的一体化空间智能机器人（高峰等，2015）。美国、欧洲等国家（地区）具备在轨延寿、在轨补加、在轨维修升级、大碎片移除等技术能力，拟建成初步轨道服务设施，形成商业服务能力。

第二章
面向 2035 年的中国航天工程科技发展需求

第一节　航天强国的内涵

航天强国是一个相对的概念，当一个国家的航天能力与水平高于世界上绝大多数国家时，即可称为“航天强国”（朱毅麟，2013）。本书认为，航天强国是指同时拥有进入空间、利用空间、探索空间的强大实力，能够有效保障国家安全、推动经济社会发展、牵引科学技术进步、服务国计民生、引领世界航天发展，整体实力位于世界航天第一方阵的国家。

2016 年 12 月，《2016 中国的航天》白皮书首次提出“全面建成航天强国”的十大发展愿景，可概括为“具备六个能力，拥有四个要素”，具体包括：具备自主可控的创新发展能力、聚焦前沿的科学探索研究能力、强大持续的经济社会发展服务能力、有效可靠的国家安全保障能力、科学高效的现代治理能力、互利共赢的国际交流与合作能力；拥有先进开放的航天科技工业体系、稳定可靠的空间基础设施、开拓创新的人才队伍、深厚博大的航天精神，为实现中华民族伟大复兴的中国梦提供强大支撑，为人类文明的进步做出积极贡献（郭世军，2015）。

续表

子领域	技术项编号	第二轮技术项目名称	技术描述
空间基础设施	8	未来大型 / 超大型航天器的复杂动力学与控制技术	主要指标特征： ①大型网状天线尺寸达到百米以上，柔性帆板和阵面天线达到百米以上，刚度小于 0.01Hz； ②大型储箱容量达到 2000L 以上，数量达到 4 个以上； ③航天器总重在 70t 以上； ④支持一箭多星； ⑤降阶模型精度达到 97% 以上，三轴惯性完备性均达 99% 以上
	9	新型空间通信及有效载荷技术	随着对通信速率的需求越来越高，通信频段逐渐向太赫兹、光频段发展，发展新型的通信传输技术是将来的趋势。容量、保密性、关键部件性能提升等基础技术是空间通信系统乃至所有通信系统发展的重点。目前，已有部分技术开展了理论和试验验证。 随着可用频谱资源越来越少，频谱的高效利用成为研究热点。目前，空间通信常用的双工方式包括时分双工（TDD）、频分双工（FDD）两种方式。而同频全双工技术（NDD）可在同一频率信道下同时进行发射和接收，使得真正的全双工通信成为可能，无线频谱效率和时延将会得到大大提升，如能实现工程应用将是通信领域的一次颠覆性创新。 以激光通信、太赫兹通信为基础，可实现物理层绝对安全的通信
	10	满足未来定位、导航、授时等需求的空间高精度定位导航授时技术	航天器需要通过精确的导航、定位进行自主管理和智能控制，地面目标的定位精度将在天基导航增强和地面导航增强技术的配合下进入厘米级时代，5G 宽带移动通信等系统的授时精度要求将随着利用脉冲星等自然界精准脉冲信号和原子钟的进步提高几个量级。 主要开展： ①脉冲星导航技术； ②先进原子钟技术； ③天地一体化综合导航定位技术； ④空间高精度定位、导航、授时数据融合与综合使用技术。 主要指标特征： ①时钟基准准确度达到 10^{-12}，稳定度达到 10^{-13}； ②地球同步轨道卫星自主定轨精度达到分米级； ③空间及地面目标的导航精度达到亚厘米级
	11	空间先进遥感载荷及多探测要素融合技术	以数字中国、智慧城市、海洋强国、交通强国等建设需求为牵引，发展以高空间分辨率、高光谱分辨率、高定位精度、高辐射精度、高稳定性、多模式等为特征的先进遥感载荷技术，拓展谱段范围，提高定量化应用水平，实现陆地、大气、海洋观测与探测数据多

续表

子领域	技术项编号	第二轮技术项目名称	技术描述
空间基础设施	11	空间先进遥感载荷及多探测要素融合技术	样化获取，具备静止轨道成像分辨率米级、低轨探测光谱分辨率优于 0.05nm、定位精度优于 5m 等技术能力，满足全天时的遥感数据应用需求。关键技术包括静止轨道米级光学成像技术、静止轨道米级 SAR 成像技术、1∶5000 高精度三维立体测绘技术、卫星三维激光测量技术、卫星激光雷达测风技术、高频段全极化大气垂直温 / 湿度廓线 / 降水探测技术等。 以卫星遥感数据应用效益最大化为出发点，对不同来源、不同类型、不同尺度的数据进行大数据挖掘、集成分析与信息提取，研究多要素融合遥感云技术，实现遥感资源科学、合理、快速、高效利用，以及卫星数据的多要素融合、多源融合、快速处理与分发，适应快速、准确、灵活的遥感数据获取和信息产品生产需求。需突破的关键技术包括智能化遥感卫星数据处理技术、遥感大数据云计算技术、分布式海量数据存储技术、海量数据管理技术、在轨数据融合与处理技术等
	12	先进电推进技术	电推进是电场和磁场对推进剂的共同作用，利用电能加热、离解和加速工质，使其形成高速射流而产生推力的技术，同时无质损推进技术也成为未来发展的趋势之一。目前，电推进实现了几十毫牛到几百毫牛，比冲 3000s。为了提高在轨服务与维护效益，需要更大推力、更高比冲飞电推进，突破多环（通道）的离子和霍尔复合、离子电推进等主要关键技术。 主要指标特征： ①单台发动机推力不小于 10N，比冲不小于 5000s； ②电推进使用功率不小于 30kW； ③寿命不小于 40 000h
	13	先进空间能源技术	未来的火星探测、木星探测、小行星探测、太阳能电站、通信、遥感等空间技术和应用的发展要求空间能源在未来 20 年提供几十万瓦级的能源，面积比功率和重量比功率指标将大幅提升。其主要技术途径包括对传统太阳能电池阵进行技术改造，利用新型薄膜太阳能发电技术提升发电效率，在光能无法满足需求时利用核动力提供超大能源。 ①通过研究高效聚光机构设计与制造、高效聚光电池设计与制造、散热技术、聚光电池组装与测试、聚光太阳电池阵展开收拢技术等，突破超高效聚光太阳电池阵技术。 ②实现具有低光强低温度（LILT）及耐辐射能力的光伏（PV）系统（薄膜太阳能技术）。 ③实现 100W 级同位素能源及 10 万 W 级空间核反应堆电源工程应用

续表

子领域	技术项编号	第二轮技术项目名称	技术描述
卫星应用	14	全球高精度无缝实时对地观测技术	通过突破天基传感器大规模快速部署、天地互联互通、天基信息云计算、信息泛在服务等关键技术，构建全球高精度无缝实时对地观测系统，形成对全球陆地、海洋、空中目标的协同、高精度、无缝实时、连续对地观测监视能力，可广泛应用于减灾、天气、生态、农业、国土等行业
	15	高性能五维一体空间信息服务平台技术	构建面向主题、时间和三维空间的五维一体空间信息服务平台，快速接入多元智能传感器数据，形成统一数据模型的海量五维时空数据仓库，具有高效的数据融合处理与PB级管理，实时并行地理计算，多维、多尺度、室内外实景虚拟现实体验、时空分析，以及数据挖掘能力，可广泛应用于智慧城市、行业信息化和为大众用户提供高体验值的地理信息增值服务
	16	多元空间信息融合技术	面向不同用户的多样性信息需求，研究多维信息的时空同化与融合处理、空间信息高效特征提取与知识发现方法、空间信息轻量化表达、多传感器多目标数据关联与实时跟踪、信息融合系统性能评估等信息融合处理和评估技术，实现对特定目标的数据挖掘和增值利用，结合地面信息应用，提升信息融合的精度、准确度、可用性
	17	高精度时空管理技术	目前已有的高精度位置服务的精度、可靠性、完好性均有待突破，结合未来立体空间智能交通、自动驾驶、空间信息管理等应用，开展融合室内外的高精度测量技术和导航系统完好性研究，促进北斗及新型导航系统的开发工作，实现全球覆盖的室内外无缝高精度时空基准服务系统
	18	多信息融合水下导航技术	目前，全球卫星导航系统的覆盖范围仍局限于地面和空中，对水下不能进行有效的支持，未来30年人类对地球的探索和应用必将逐步扩展到深海。因此，需要开展新一代高精度水下导航技术的研究工作，与现有卫星导航系统进行坐标兼容，实现导航的无缝过渡，构建包含水下信息在内的更高精度的全球地图，为海底资源探测、地壳监测、水下导航提供技术条件
深空探测	19	深空探测器系统自主管理技术	深空探测任务由于探测环境未知、通信距离远和延迟大、星体遮挡与地面站通信中断频繁、探测模式复杂等，探测器需具备高精度自主导航、自主任务规划和调度，以及故障的自主诊断、隔离与恢复等自主管理能力。国外部分深空探测器已完成了天文自主导航在轨验证，实现了故障的自主诊断、隔离与恢复，具有较强的生存能力。中国应加快高精度天文自主导航创新方法以及导航敏感器和导航系统的研究、研发、验证，深入开展深空探测器长期自主管理技术，包括自主飞行控制、自主故障处理与恢复、自主任务规划与资源调度等，带动人工智能和高效计算机的产业发展

续表

子领域	技术项编号	第二轮技术项目名称	技术描述
深空探测	20	小天体监测预警与防御技术	小天体监测预警与防御技术逐步成为一个国际问题，是深空探测技术发展的新热点。目前，美国、欧洲、俄罗斯等国家（地区）已组建了相应学术或政府机构，系统地提出了小天体监测和防御体系。中国地域广大，小天体撞击的概率较高；因此应开展小天体长期观测与跟踪，建立预警预报体系，研究多途径防御措施与评估体系，为中国社会经济建设保驾护航
	21	火星表面植物培育与种植技术	火星是人类开辟第二家园的首选，通过在火星表面种植植物、逐渐改造火星环境形成宜居条件的技术途径受到国际社会的广泛关注。目前，火星表面植物培育与种植技术仍处于概念阶段，仅有少数模拟环境下的培养实验付诸实施。中国应提前开展该项技术的研究，逐步突破火星表面异构大气环境下植物培养的机理，发展火星表面密闭生物舱内植物培育、可控开放环境下植物快速生长等技术，开发配套的火星表面深钻、协同操作、水冰开采 / 纯水制备等设备，为条件成熟时率先开展火星环境改造、创建火星绿色家园做好储备；相关技术成果还可应用于地球的生态保护，服务于人类的可持续发展
	22	多谱段多模式成像及高精度视向速度测量技术	地外宜居天体的探索是人类拓展文明的重要使命，对研究宇宙起源与演化、生命起源与发展、天体物理学、地球环境可持续发展等基础科学问题具有重要的意义。缺乏高效获取超远距离宇宙空间深内涵、多样性、高价值数据的手段一直制约着人类对宇宙的深入认识。目前，国际在轨最大口径天基望远镜尺寸为 3.5m，实现在可见光、红外等多谱段成像。因此，中国应瞄准国际未来技术发展的前沿，利用多谱段与多模式融合及光路共用手段获取优于 1m/s 的测速精度以发现宜居天体；以 4m 以上口径望远镜将宇宙探测深度延拓至 100 亿光年以外，据此引领深空探测科学及技术的发展方向
	23	深空探测长周期可循环生命保障技术	生命保障技术为航天员在地外空间生存提供保障。为实现航天员生命物质在空间的自给自足，适应长期载人与深空探测任务的需要，生命保障技术已完成由非再生式到半储存式的转变，并正朝着生物可循环再生方向发展。目前，国际上中长期空间载人任务应用的技术为半储存式生命保障技术，并正在加速开展生物可循环再生式生命保障技术的地面研究。美国、俄罗斯正在研究的再生式生命保障系统将实现不少于 500 天的地面模拟试验。中国应研究长期空间辐射、微重力等环境对生命体的影响，加速开展可循环再生生命保障技术的研究，为今后的长周期载人与深空探测任务做好技术准备

续表

子领域	技术项编号	第二轮技术项目名称	技术描述
深空探测	24	月球激活性长期有人驻留基地建设技术	建立长期有人驻留的月球基地是未来月球探测的发展趋势，也是载人登月安全可靠的重要保证。在月球上建造一个包括居住、生产、工作在内的区域，需要解决管理和设计集成、月球表面环境和地址选择、地月运输体系（空间和月球表面）、电源系统、热控系统、原位资源利用、生命保障系统、辐射和防护、通信等诸多复杂问题。因此，有必要提前开展空洞舱体结构、材料、建筑等技术的研究，掌握月面资源原位利用技术，具备在月球表面建立长期有人驻留基地的技术能力，并拓展服务于地球资源利用、生态保护和可持续发展
在轨维护与服务	25	在轨构建与修复技术	在轨构建和修复是指对大型附件在轨成型组装及对损毁部件的在轨增材制造和更换。未来针对航天器损毁部件可通过回收利用废弃部组件获取材料，利用在轨3D打印按需加工航天器部件，更换修复损毁部件。美国正在开展大型附件的在轨构建和基于3D打印技术的在轨部件加工技术的研究，并于2014年底在国际空间站上开展了3D打印试验
	26	空间智能机器人技术	空间智能机器人技术是指具备模块化、智能化、多感知、可更换末端多功能执行器的特征，可在轨重构和智能规划控制决策的机器人技术，以及对在空间、时间和功能上具备分布特征的机器人群的协同控制技术。通过机器人的智能化设计可实现“一臂多能”“一/多臂多手”“一手多用”“按需配制”，通过机器人群的协同控制可提高系统的工作能力和效率，并使系统具有较高的灵活性和鲁棒性。美国正在开展下一代空间超冗余灵巧机器人技术研究，对机器人群的协同控制也在开展相关技术研究。国内机器人群协同控制仅处于概念研究阶段
	27	高轨高精度时空基准的建立与传递技术	高轨时空基准是指系统主要基准参考点的绝对时间、位置、速度和姿态基准，以及其他组成部分相对主要参考点的位置、速度、姿态和时间统一精度。时空基准的建立主要是指绝对时空基准的精确获取，传递主要是指其他组成部分相对主要参考点的基准转换以及各组成部分之间的基准转换。在轨服务与维护任务需要高精度时空基准以确保安全准确完成。国内外自主时空基准建立技术研究热点集中在不依赖于人造信标的导航技术研究，预计未来可实现定轨精度优于1m、定时精度亚纳秒级、定姿精度角秒级，时空基准的传递预计未来相对定位精度可达毫米级

续表

子领域	技术项编号	第二轮技术项目名称	技术描述
在轨维护与服务	28	高精度激光三维技术	高精度激光三维重建是使用面阵成像激光雷达获取目标稀松距离信息，通过计算成像的方法得到目标高分辨距离信息，并与可见光图像信息融合得到目标三维模型的过程
	29	姿态失稳航天器抓捕技术	对因故障姿态失稳的航天器进行安全可靠抓捕是完成在轨服务操作的前提。目前，该技术仍处于理论研究阶段

在凝练备选技术清单中，突出前瞻性，重点选取能够反映未来 10～20 年的航天“制高点”技术，短期内可以实现的技术不列入技术清单；突出需求牵引，重点关注战略必争的“卡脖子”技术；突出可实现性，所选技术要在 2035 年左右进入实用或实现产业化。同时，微机电系统（MEMS）、电子信息材料等通用技术不纳入技术清单，并尽量做到技术项目间颗粒度的一致性，规避子领域间的技术重复。

第四节　技术实现时间分布

一、技术预期实现时间分布

航天领域的世界技术实现时间、中国技术实现时间和中国社会实现时间分别如图 3-2～图 3-4 所示。整体来看，中国技术实现时间比世界技术实现时间普遍滞后 3～5 年，中国社会实现时间比技术实现时间滞后 2～4 年。

29 项技术中，79% 的技术世界预期实现在 2020～2023 年；中国技术预期实现时间集中在 2022～2026 年，约占全部技术的 76%，其中约一半的技术预期在 2024～2025 年实现；59% 的技术预期在 2026～2028 年在中国实现社会应用。

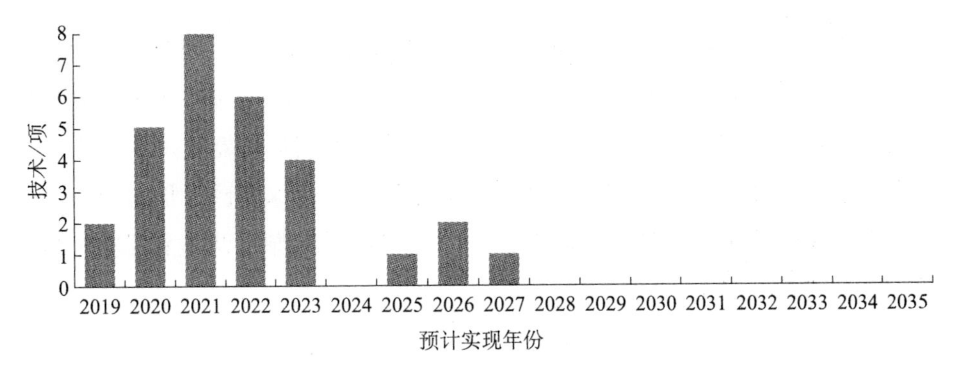

图 3-2　世界技术实现时间

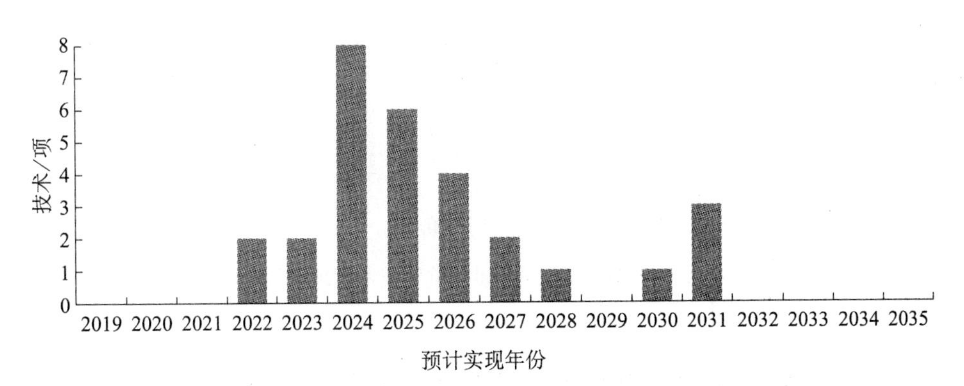

图 3-3　中国技术实现时间

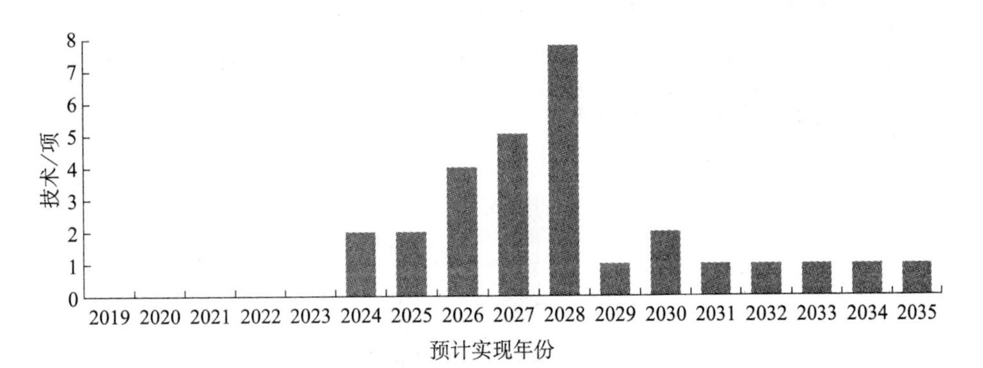

图 3-4　中国社会实现时间

二、中国与世界技术实现时间跨度分析

如图3-5所示，29项技术中有14项技术的中国技术实现时间与世界技术实现时间相差3年，10项技术相差4年，5项技术相差5年。火箭动力可重复使用运载器技术、组合动力可重复使用运载器技术、核热推进技术、月球激活性长期有人驻留基地建设技术、深空探测长周期可循环生命保障技术中国技术，以上技术的实现时间均与世界技术实现时间差距5年。

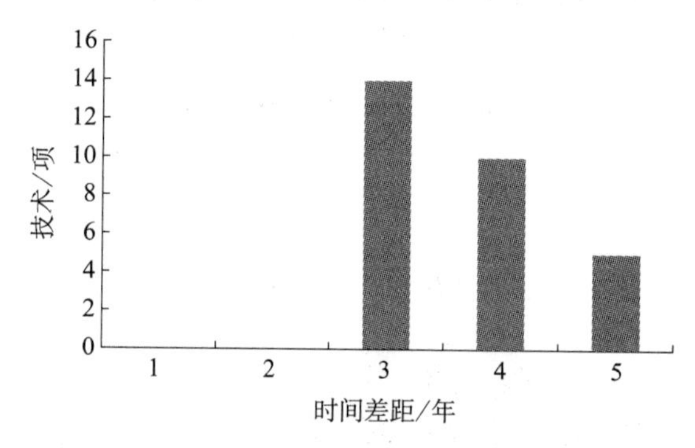

图3-5 中国技术实现时间与世界技术实现时间差距

三、中国技术实现时间与社会实现时间跨度分析

上述29项技术从中国技术实现到社会实现的时间跨度为2～4年，其中仅有月球激活性长期有人驻留基地建设技术从技术实现到社会实现需要4年的时间（图3-6和图3-7）。

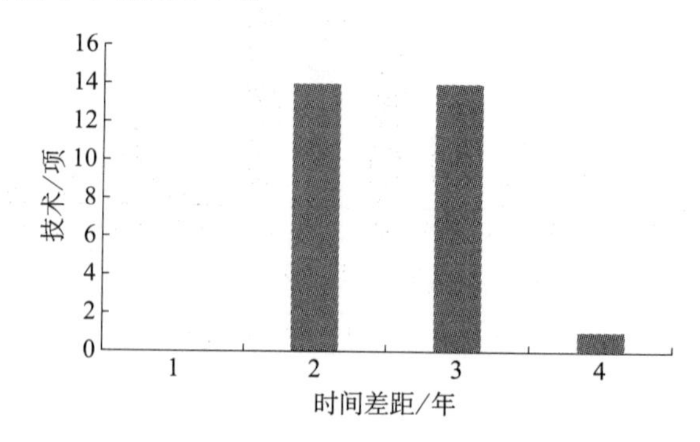

图3-6 中国技术实现时间与社会实现时间差距统计

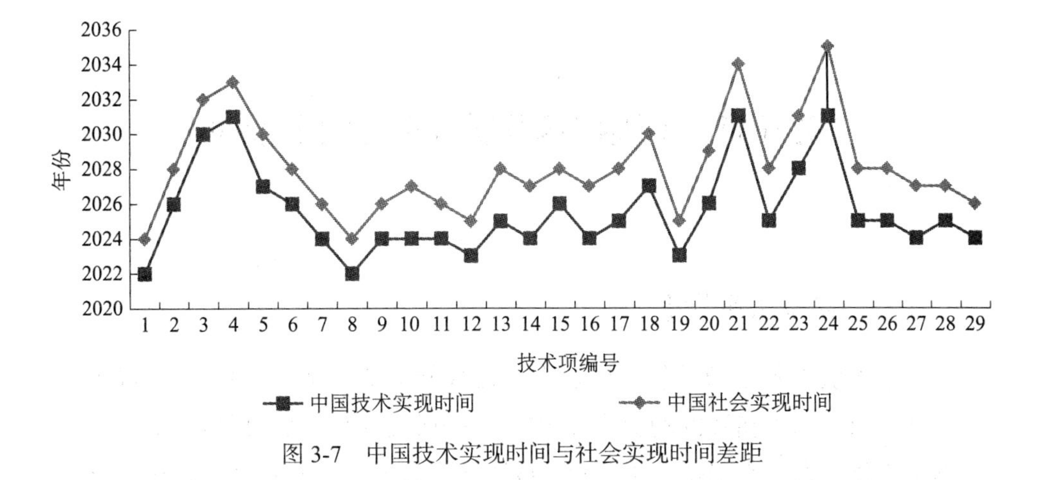

图 3-7 中国技术实现时间与社会实现时间差距

四、中国技术实现时间与技术重要度综合分析

航天领域全部 29 项技术重要程度指数均在 50～100，整体重要度较高。综合分析中国技术实现时间与技术重要度，如图 3-8 所示，技术重要度指数在 75 以上且在 2025 年前实现的技术共 8 项，约占技术总量的 28%，其中全球高精度无缝实时对地观测技术的技术重要度最高且率先在 2024 年实现；技术重要度指数在 75 以上且在 2025～2030 年实现的技术共 4 项，其中，组合动力可重复使用运载器技术的技术重要度指数为 80.73，预计 2030 年实现；火星表面植物培育与种植技术的技术重要度指数最低，为 53.58，预计 2031 年实现。

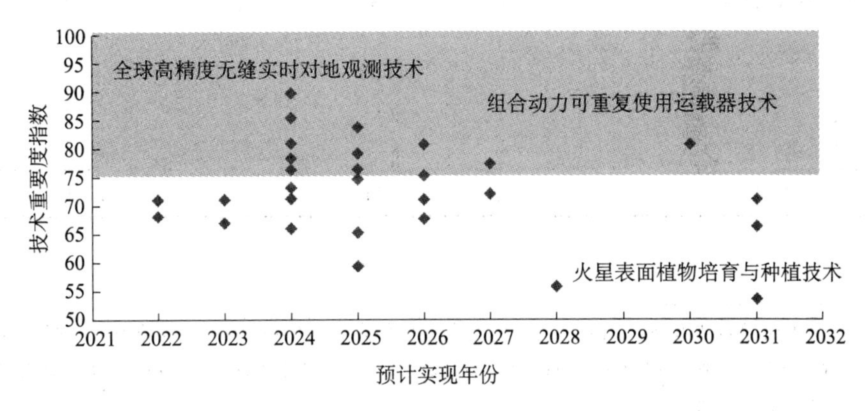

图 3-8 中国技术实现时间与技术重要度综合分析

第五节　中国技术发展水平与约束条件

一、研发水平指数

中国航天各子领域技术研发水平指数分析结果见表3-3。本领域29项技术研发水平指数的均值为23.01。根据研发水平指数的划分[①]，中国航天整体研发水平仍落后于美国、俄罗斯、欧盟等航天强国（组织）。技术研发水平指数在31～40的技术有7项，在21～30的技术有14项，在11～20的技术有6项，低于10的技术有2项。其中，全球高精度无缝实时对地观测技术与空间先进遥感载荷及多探测要素融合技术研发水平指数分别位列第一、第二；组合动力可重复使用运载器技术与核热推进技术的研发水平指数为最后两位，说明中国仍需加大在航天动力系统方面的研发力度。

表3-3　各子领域技术研发水平指数分析结果

子领域名称	≤10/项	11～20/项	21～30/项	31～40/项	平均研发水平指数
航天运输系统	0	0	4	2	12.63
空间基础设施	0	1	4	2	28.52
卫星应用	0	0	3	2	26.70
深空探测	2	3	1	0	23.53
在轨维护与服务	0	2	2	1	23.69
合计	2	6	14	7	23.01

① 技术研发水平指数：国际领先（研发水平指数在81～100）、较领先（研发水平指数在61～80）、持平（研发水平指数在41～60）、较落后（研发水平指数在21～40）、落后（研发水平指数在0～20）。

二、技术领先国家（组织）

如图 3-9 所示，87% 以上的参调专家认为美国在各子领域均具有显著优势，全面领先；俄罗斯在航天运输系统、空间基础设施、深空探测子领域，也具有较强优势；中国空间基础设施相对其他子领域显示度较高。

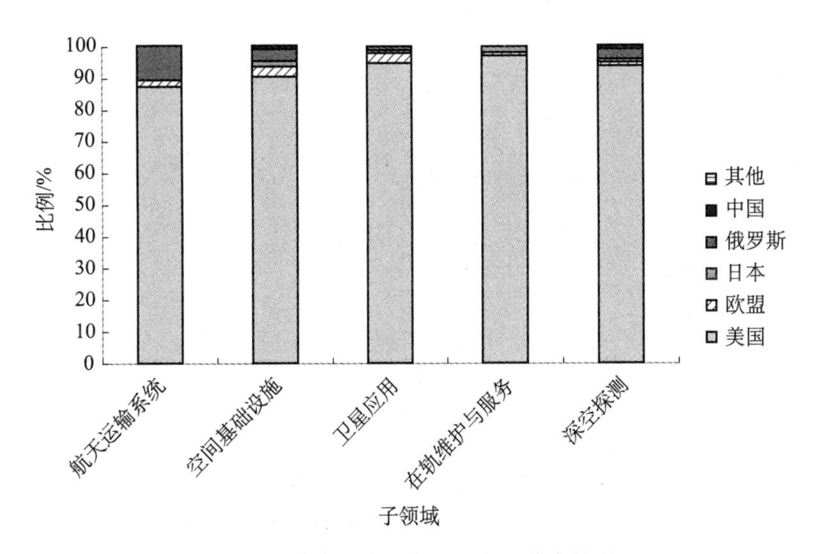

图 3-9　技术领先国家（组织）分布情况

三、制约因素分析

整体来看，研发投入和人才队伍及科技资源是中国航天领域技术发展的主要制约因素（图 3-10）。卫星应用受协议标准、应用规范等限制相对其他子领域更为显著，影响了卫星应用技术和产业的发展。各子领域受各种制约因素情况如图 3-11～图 3-15 所示。

各种制约因素排名前 5 位的技术分别见表 3-4～表 3-9。人才队伍及科技资源制约因素排名前 3 位的技术均来自深空探测子领域，反映出中国加强深空探测前沿技术研发人才储备的紧迫性；卫星应用子领域的高精度时空管理技术、多元空间信息融合技术受法律法规政策、标准规范、协调与合作制约显著，调查结果客观反映了中国目前空间信息资源共享共用不足的现象；受研发投入制约前 5 名的技术均是用于更远空间应用探索类的技术，可见中国在航天应用基础研究、前沿技术攻关方面仍需加大投入；从工业基础能力制约性排名来看，高精度激光三维技术、先进空间能源技术、组合动力可重复使用运载器技术等大大受制于中国新材料、先进制造等基础能力水平。

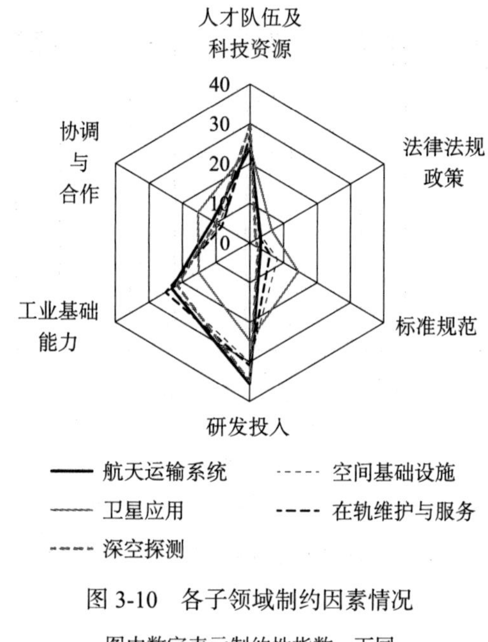

图 3-10　各子领域制约因素情况

图中数字表示制约性指数，下同

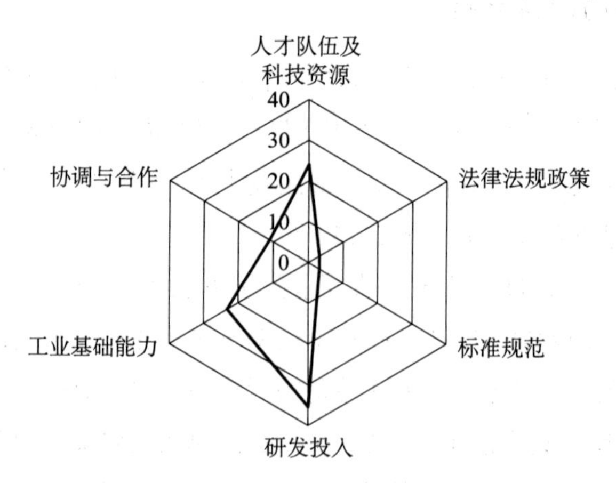

图 3-11　航天运输系统子领域制约因素情况

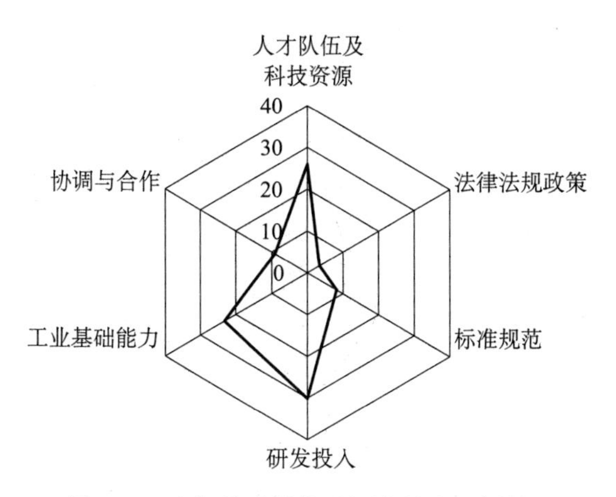

图 3-12 空间基础设施子领域制约因素情况

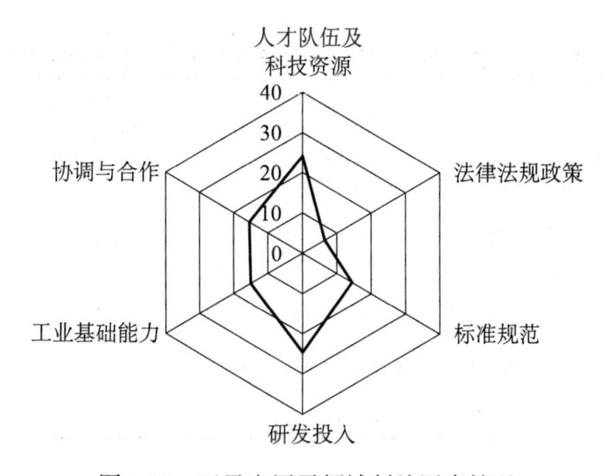

图 3-13 卫星应用子领域制约因素情况

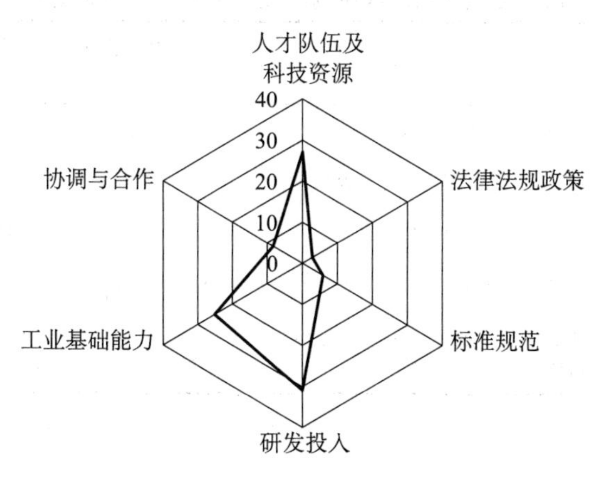

图 3-14 在轨维护与服务子领域制约因素情况

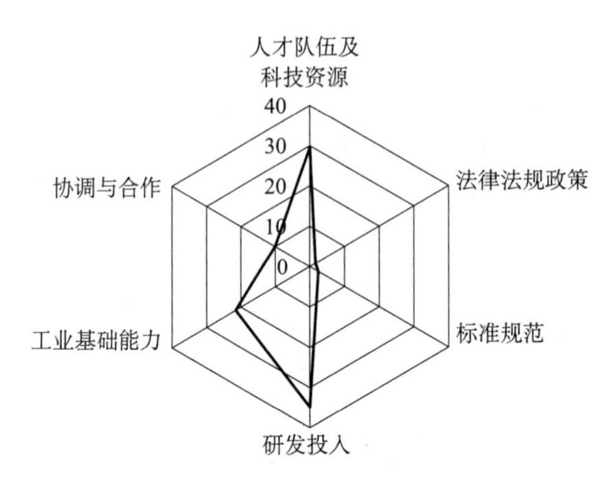

图 3-15 深空探测子领域制约因素情况

表 3-4 受人才队伍及科技资源制约性排名前 5 位的技术统计

子领域	技术项目	人才队伍及科技资源制约性指数	重要程度	研发水平
深空探测	火星表面植物培育与种植技术	33.33	53.58	31.25
深空探测	多谱段多模式成像及高精度视向速度测量技术	32.80	59.35	22.12
深空探测	深空探测长周期可循环生命保障技术	30.77	55.81	22.62
在轨维护与服务	高轨高精度时空基准的建立与传递技术	30.41	71.28	33.11
空间基础设施	新型空间通信及有效载荷技术	29.17	78.30	27.42

表 3-5 受法律法规政策制约性排名前 5 位的技术统计

子领域	技术项目	法律法规政策制约性指数	重要程度	研发水平
卫星应用	高精度时空管理技术	8.00	79.16	36.03
卫星应用	全球高精度无缝实时对地观测技术	7.41	89.73	36.06
卫星应用	多元空间信息融合技术	7.11	76.30	25.00
航天运输系统	核热推进技术	6.67	71.08	6.25
空间基础设施	基于高频谱使用效率的空天地信息网络技术	6.21	73.20	23.53

表 3-6 受标准规范制约性排名前 5 位的技术统计

子领域	技术项目	标准规范制约性指数	重要程度	研发水平
卫星应用	高精度时空管理技术	20.44	79.16	36.03
空间基础设施	基于高频谱使用效率的空天地信息网络技术	18.62	73.20	23.53
卫星应用	高性能五维一体空间信息服务平台技术	17.17	75.32	22.13
卫星应用	多元空间信息融合技术	13.44	76.30	25.00
空间基础设施	满足未来定位、导航、授时等需求的空间高精度定位导航授时技术	13.25	80.91	32.89

表 3-7 受协调与合作制约性排名前 5 位的技术统计

子领域	技术项目	协调与合作制约性指数	重要程度	研发水平
卫星应用	高性能五维一体空间信息服务平台技术	18.19	75.32	22.13
卫星应用	多元空间信息融合技术	15.42	76.30	25.00
卫星应用	全球高精度无缝实时对地观测技术	15.37	89.73	36.06
深空探测	小天体监测预警与防御技术	14.92	67.68	19.74
卫星应用	高精度时空管理技术	14.22	79.16	36.03

表 3-8 受研发投入制约性排名前 5 位的技术统计

子领域	技术项目	研发投入制约性指数	重要程度	研发水平
航天运输系统	高性能长期在轨通用上面级技术	38.01	71.02	27.37
深空探测	深空探测器系统自主管理技术	37.78	71.11	22.83
深空探测	深空探测长周期可循环生命保障技术	37.50	55.81	22.62
在轨维护与服务	姿态失稳航天器抓捕技术	37.17	65.99	22.47
航天运输系统	低温推进剂在轨储存与传输技术	37.08	71.13	11.03

表 3-9 受工业基础能力制约性排名前 5 位的技术统计

子领域	技术项目	工业基础能力制约性指数	重要程度	研发水平
在轨维护与服务	高精度激光三维技术	29.81	65.25	16.39
空间基础设施	先进空间能源技术	29.19	76.38	25.76
航天运输系统	组合动力可重复使用运载器技术	25.81	80.73	6.02
空间基础设施	先进电推进技术	25.79	66.96	27.61
航天运输系统	低温推进剂在轨储存与传输技术	25.28	71.13	11.03

第六节 关键技术选择

本书中的关键技术选择有三个维度：一是面向未来 20 年，综合考虑技术核心性、带动性、对经济社会和国家安全等方面的作用而筛选出的重要技术；二是技术通用性强，对领域、行业发展具有普遍推广应用价值和潜力的关键共性技术；三是技术非连续性较强，面向未来 20 年可能取得重大突破，且其实现可对本领域、行业甚至多个领域产生颠覆性影响的颠覆性技术。

一、重要技术方向

重要度指数是由技术本身重要性和应用重要性综合计算而得，反映了技术的综合重要程度。结合调查问卷结果和院士、专家的综合判断，航天领域重要技术排名见表 3-10。

表 3-10 重要技术排名（前 5 位）

序号	子领域	技术项目
1	卫星应用	全球高精度无缝实时对地观测技术
2	空间基础设施	空间先进遥感载荷及多探测要素融合技术

续表

序号	子领域	技术项目
3	在轨维护与服务	空间智能机器人技术
4	空间基础设施	满足未来定位、导航、授时等需求的空间高精度定位导航授时技术
5	航天运输系统	组合动力可重复使用运载器技术

二、关键共性技术方向

关键共性技术重要度指数是由技术的通用性指数和应用重要性指数综合计算而得，不仅注重技术本身的通用性（技术核心内容被其他技术广泛加以应用和开发），还强调该技术在应用中的示范作用。结合调查问卷结果和院士、专家的综合判断，航天领域关键共性技术排名见表 3-11。

表 3-11　关键共性技术排名（前 5 位）

序号	子领域	技术项目
1	卫星应用	全球高精度无缝实时对地观测技术
2	空间基础设施	空间先进遥感载荷及多探测要素融合技术
3	在轨维护与服务	空间智能机器人技术
4	空间基础设施	满足未来定位、导航、授时等需求的空间高精度定位导航授时技术
5	空间基础设施	新型空间通信及有效载荷技术

三、颠覆性技术方向

颠覆性技术重要度指数是由技术的非连续性指数和应用重要性指数综合计算而得，不仅强调该技术的独创性（其核心技术理念目前未曾被其他技术涵盖），还强调其对未来经济社会发展的推动作用。结合调查问卷结果和院士、专家的综合判断，航天领域颠覆性技术排名见表 3-12。

表 3-12　颠覆性技术排名（前 5 位）

序号	子领域	技术项目
1	空间基础设施	空间先进遥感载荷及多探测要素融合技术
2	航天运输系统	组合动力可重复使用运载器技术
3	航天运输系统	火箭动力可重复使用运载器技术
4	卫星应用	全球高精度无缝实时对地观测技术
5	在轨维护与服务	空间智能机器人技术

四、综合分析

空间先进遥感载荷及多探测要素融合技术、全球高精度无缝实时对地观测技术和空间智能机器人技术三项技术的重要性、共用性和颠覆性均很突出，表明上述技术应用范围广、辐射带动性强、产业发展价值高。组合动力可重复使用运载器技术和火箭动力可重复使用运载器技术颠覆性强，技术的突破将大幅降低发射成本，同时带动新材料、新工艺、新器件等基础工业实现跨越式发展。

第四章
航天工程科技发展思路与战略目标

第一节 发展思路

以建设航天强国为牵引，着眼于满足经济社会发展和科技进步的重大需求，围绕低成本和灵活地进入空间，更加广泛地、合理地利用空间，更深更远地探索空间三大主题，以体系化发展和高效服务为主线，以新概念、新理念和颠覆性技术为引领，坚持战略引领、协调发展、自主创新、开放融合，强化先进系统和新技术的前瞻布局，重点突破制约中国航天水平跃升的关键瓶颈，加强航天技术与信息产业、高端装备制造等领域的交叉创新，加快推进天地一体化全产业链发展，全面掌握和提升空间技术与应用能力，提升航天产业的规模与效益，抢占航天科技和产业发展制高点。

第二节 战略目标

一、2025年前后：进入航天强国行列

1. 产品技术与能力水平

运载火箭型谱完善，助推级箭体可重复使用技术得到工程应用，商业发射成本具备显著的国际市场竞争优势，重型运载主要关键技术攻关取得突破，火箭动力两级入轨可完全可重复使用运载器实现飞行演示验证；国家民用空间基础设施逐步建成覆盖全球主要地区、与地面通信网络融合的综合化天基系统，数据共享服务机制基本完善，标准规范体系基本配套，商业化发展模式基本形成，具备国际服务能力，满足行业和区域重大应用需求，有力支撑中国现代化建设、国家安全和民生改善；统筹开展火星、金星、小行星、巨行星、太阳探测，深空测控通信、长期自主管理、高效空间能源等核心技术取得突破；掌握在轨维护与服务核心关键技术，并开展应用示范系统建设。

2. 创新能力与工业基础

原始创新能力大幅提升，能够率先提出和实践航天领域的新概念、新原理、新方法，航天动力、核心元器件、关键原材料、先进制造与工艺等取得重大突破，核心元器件、关键原材料自主保障率超过80%。

3. 应用与产业发展

航天产业市场化、产业化发展达到国际先进水平，创新驱动、需求牵引、市场参与的持续发展机制不断完善，有力支撑经济社会发展，有效参与国际化发展。

二、2035 年前后：进入航天强国前列

1. 产品技术与能力水平

具有全面的宇宙探索利用能力，航天运输系统体系完整、分布合理、性能卓越、成本适宜，支持深空探测、空间科学和各种航天发射活动；国家民用空间基础设施与应用体系有机融合、高效运行、持续提升，具备全球无缝覆盖的泛在服务能力，实现信息获取、信息存储、信息传输和信息挖掘的跨域多层次深度融合，打破天基网络与地面网络独立发展的格局，为各类应用终端搭建信息传输通道，实现全球范围内终端的随遇接入；建成完整的深空探测工程技术与科学研究体系，具备探测太阳系主要天体和空间的技术能力，初步掌握原位空间资源勘测、勘探及开发利用的技术手段；轨道维护与服务系统功能完备，具备空间飞行器在轨维护服务、空间系统在轨构建等业务能力，成为国家重要的资产和大型设施。

2. 创新能力与工业基础

在若干重要前沿领域引领世界航天科技的发展；形成完备的航天工业体系和强大的自主保障能力，核心元器件、材料基本依靠国产。

3. 应用与产业发展

空间技术与经济建设、社会生活深度融合，商业航天产品与服务国际市场占有率名列前茅，航天产业在国民经济中的份额和辐射带动作用明显。

第三节　航天工程科技发展总体构架

瞄准航天强国建设和发展思路中的三大主题，2035 年中国航天强国

建设有以下五大方面的任务。

（1）研制能力更强、性能更优、技术更先进、价格更低廉的航天运载器（包括重型运载火箭、可重复使用运输系统等），构建体系完整、分布合理、性能卓越、成本适宜的航天运输系统，大幅提升中国进入空间、探索空间的能力，支持深空探测、空间科学研究和各种航天发射活动（秦旭东等，2016）。

（2）分阶段建设技术先进、自主可控、布局合理、全球覆盖的国家空间基础设施，注重与地面、航空、水下等信息感知、传输手段的融合，建立天地协同、快速响应、持续稳定的空间信息获取、传输、处理体系（包括天地一体化信息网络、全球高精度无缝实时信息感知网络、国家时空体系），大幅提升空间利用能力。

（3）为有效衔接空间基础设施和经济社会发展的重大需求，加强跨领域资源共享与空间信息服务能力，提升卫星整体效能和服务应用能力，建设多层次、多类型、高质量、稳定可靠、规模化的空间信息综合服务体系，提供精准、实时、无缝、泛在的智能信息服务。

（4）逐步突破深空探测核心关键技术，遵循“由近到远、由无人到载人、由探访到驻留”的思路，从火星出发逐步探访太阳系其他典型天体，通过无人任务为载人任务铺路，实现中国航天技术新的跨越。

（5）开展在轨维修服务等空间技术试验试用，成体系、分阶段地发展在轨维护与服务系统，提升空间资产使用效益，保障国家空间资产安全，布局空间技术新领域。

图4-1为面向2035年的中国航天领域工程科技发展构架。

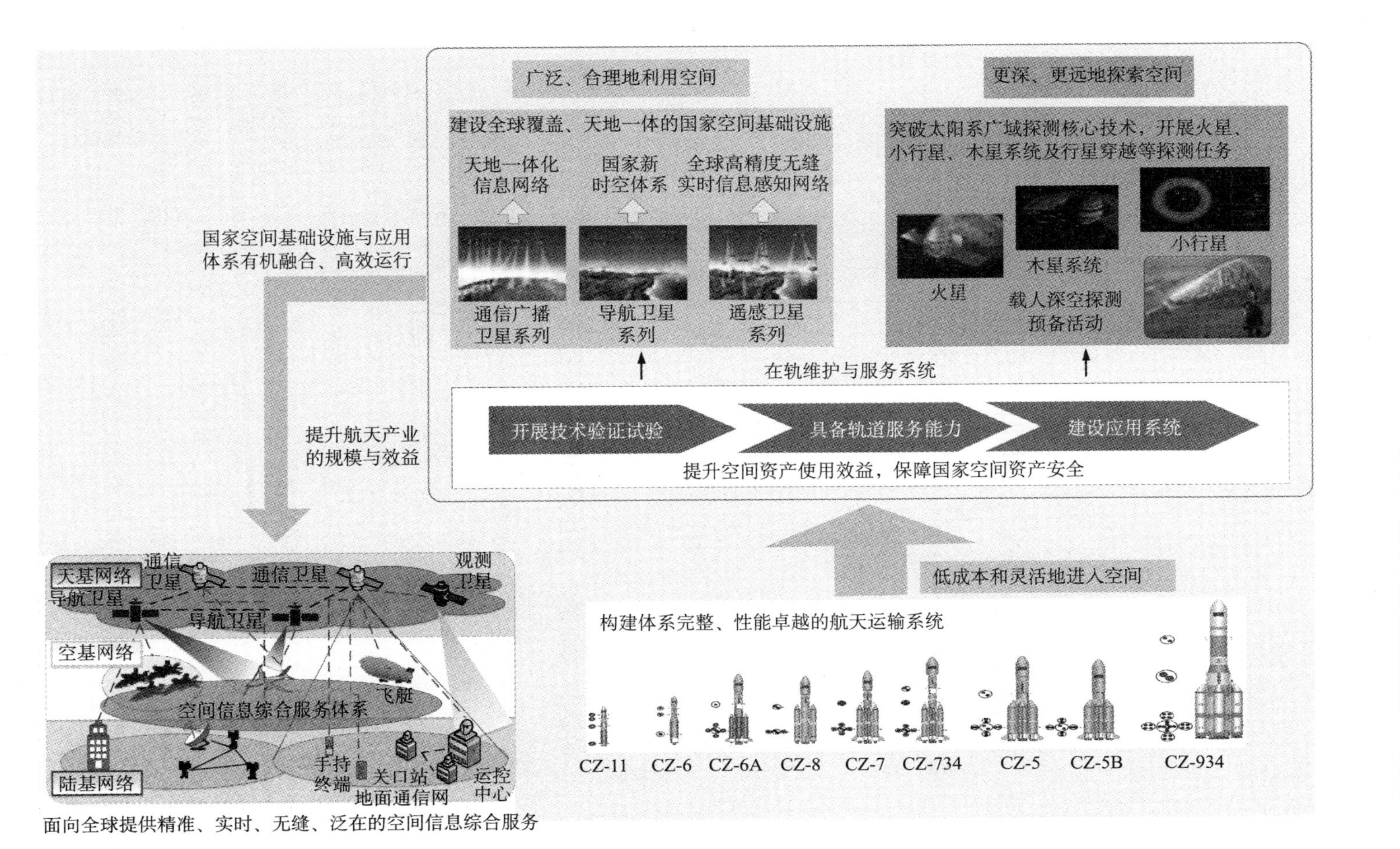

图 4-1　面向 2035 年的中国航天领域工程科技发展构架示意图

第五章
面向2035年的中国航天工程科技发展重点任务与发展路径

第一节 重点任务

一、构建体系完整、性能卓越的航天运输系统

统筹考虑航天运输系统发展规划，采取分步实施策略，牵引带动航天运输系统有序、快速、健康发展。

以低成本设计理念，构建新一代中型运载火箭型谱，运载能力覆盖范围满足国内外发射市场需求。加紧重型火箭研制及飞行试验，大幅提升进入空间能力，为载人登月等深空探测任务提供强有力支撑。在可重复使用研制方面，实现运载火箭子级可重复使用的工程应用，降低一次性运载火箭进入空间成本；完成火箭动力可重复使用运载器演示验证和工程实际应用；完成小尺寸组合动力可重复使用运载器的技术验证，初步具备水平起降航天运输能力。研制低温上面级、先进通用上面级，上面级在轨时间一年以上，发动机可多次点火，大幅提升轨道转移和轨道部署能力（果琳丽等，2009）。

二、建设全球覆盖、天地一体的国家空间基础设施

建成技术先进、全球覆盖、高效运行的国家空间基础设施，业务化、市场化、产业化发展达到国际先进水平。

推进天基信息网、未来互联网、移动通信网的全面融合，形成覆盖全球的新一代天地一体化信息网络。以“天基组网，地网跨代，天地互联”为主要思路，完成天基信息网部署，发展固定通信广播卫星、移动通信广播卫星、数据中继卫星三个系列，形成宽带通信、电视直播、多媒体广播和数据中继服务能力，逐步建成覆盖全球、与地面通信网络融合的卫星通信广播系统。

建设完善全天候、全天时、广要素的天基对地观测系统，结合空基、地面等观测系统，共同构建全球高精度无缝实时信息感知网络。发展陆地观测、海洋观测、大气观测三大对地观测卫星系列，逐步形成高、中、低空间分辨率合理配置、多种观测手段优化组合的综合高效全球观测能力和数据获取能力；基于模型推演、数据挖掘等信息手段，提升基于空间信息的自然和人类社会智慧化认知理解能力，为地球系统科学研究与自然演化监测、经济社会活动状态监测与整体分析、大众浸入式智能化信息服务提供支持。

以北斗系统为核心，多种定位导航授时手段相互增强、补充、备份和融合，建设国家时空体系。完成 35 颗卫星发射组网，建成北斗全球系统；突破地基增强多系统数据融合技术、星基增强多系统联合技术、高精度时空管理技术，建设星地一体化导航增强系统；研制高精度、自主化、无源化、高可靠性、低成本满足未来海洋应用要求的水下导航系统，探索空间信号导航与水下导航联合，通过时空基准转换和多源数据融合处理，构建国家空天地海一体化时空体系。

三、建设全球服务、精准高效的空间信息服务体系

加强与科技、经济、社会、国防等各领域的深度融合，建设具备全球

服务能力的卫星应用基础设施和公共信息服务体系。

建设高性能五维一体空间信息服务平台，建立机制完善、标准规范统一、实现应用覆盖全球、以“一带一路”建设为重点的空间信息服务网络。平台服务采用天地一体化的全球服务模式，向用户提供响应迅捷、持续稳定、安全可靠的空间信息服务和全息虚拟地球交互界面，形成面向智能城市建设、公共安全建设、公众生活、社会发展的全息虚拟地球平台。

建设智能空间信息服务系统，面向不同用户的多样性信息智能化应用需求，研究多维信息的时空智能同化与实时融合处理、空间信息高效特征提取与具有目标导向的知识发现、空间信息轻量化多角度立体实时表达、具有人工智能特性的信息融合系统等技术，实现对特定目标的数据挖掘和增值利用，结合地面信息应用，提升信息融合的精度、准确度、可用性，面向公众和行业用户形成多个空间信息融合的产业化应用。

四、突破太阳系广域探测核心技术，实施火星探测

以火星探测为切入点，突破太阳系广域探测与载人深空探测核心技术，统筹开展小行星、木星系统等的探测，建立较为完善的深空探测工程技术与科学研究体系。

第一阶段，围绕太阳系的起源与演化、小行星和太阳活动对地球的影响、地外生命信息探寻等空间科学重大问题，统筹开展火星、金星、小行星、巨行星等的无人太阳系探测；重点突破深空测控通信、自主导航与控制、长期自主管理、高效空间能源、先进空间推进、天体借力飞行、特殊环境防护和先进科学载荷等核心技术；推动中国空间技术、空间应用和空间科学的快速发展（李明，2016）。

第二阶段，继续保持对太阳系及系外空间未知领域探测和人类移民其他宜居天体的持续关切，突破火星取样返回、小天体监测预警与防御、地外生命循环保障与驻留平台、深空智能机器人系统等技术，逐步开展太阳系广域探测乃至载人深空探测预备活动，建立完整的深空探测工程技术与科学研究体系，使中国具备探测太阳系主要天体和空间的技术能力，自主

获取重大科学成果，达到国际先进水平。

五、研制建设在轨维护与服务系统

通过系统集成演示验证试验，掌握核心关键技术，逐步建设在轨维护与服务试验设施，不断扩展规模，并最终建立完善的空间设施。

第一阶段，重点突破故障卫星轨道救援、在轨加注与模块更换维修等技术。开展关键技术样机研制、地面仿真模拟验证，并在此基础上开展在轨加注与模块更换、轨道救援等技术验证飞行试验，掌握核心关键技术，初步具备典型轨道维护与服务能力。

第二阶段，在第一阶段空间系统建立的基础上，重点突破在轨维修服务综合应用技术，形成服务飞行器、轨道维修补给站等基本型，具备重要轨道维护与服务能力。

第三阶段，建设应用系统，开展综合服务业务。重点突破在轨加工与构建、在轨回收再利用技术，建成轨道维护与服务体系，具备空间飞行器维修服务、轨道维护和空间系统在轨构建等业务能力。

第二节　发 展 路 径

重型运载火箭、可重复使用航天运输系统的研制与发射是 2035 年前航天运输领域的两大重点和难点。重型运载火箭的研制需要提前攻克总体优化设计、大直径箭体设计、制造及试验、大推力发动机、低温推进剂在轨储存与传输等关键技术，解决大直径结构件设计制造、关键复杂构件增材制造等应用基础问题。可重复使用航天运输系统的研制有两种技术途径，一是火箭动力的可重复使用，如美国的猎鹰 9 号火箭，主要技术路径是通过一级、两级可重复使用飞行验证，最终实现火箭动力两级入轨可完全重复使用，形成工程应用能力。其中，需要解决面向可重复使用的返回与着陆制导控制技术、火箭发动机多次可重复使用技术等关键问题。二是瞄准水平起降、单级入轨的可重复使用运输能力，在 2035 年完成小尺寸组合动力可重复使用运载器的技术验证，其中需要攻克多模态高效燃烧组织、大功率气流低温预冷、超高压比压气机等关键技术。目前，中国已开展了重型运载火箭总体方案、关键技术研究的部署，综合考虑灵活、低成本地进入空间是未来航天发射的主流趋势；可重复使用航天运输系统技术的路径选择和组合动力在理论基础与技术实现方面难度大、国际认识不统一，因此建议将可重复天地往返航天运输系统作为航天领域重大科技项目。

天、地不同渠道的空间信息实现互联互通、深度融合是信息技术和信息产业发展的大趋势，2035 年前中国的卫星通信、卫星遥感和卫星导航三大领域均将瞄准支撑实现天地一体的广域、先进大系统方向发展。在卫星通信领域，需要攻克基于高频谱使用效率的空天地信息网络技术，解决物理层、网络层和系统总体构架三个方面的技术难点，突破逼近香农极限的高效编码技术、跨层多域联合编码技术、陆海空天频率整体协调技术等；同时，突破太赫兹、激光频段通信和空间超导等新型通信技术，满足星间通信、深空通信和信息安全等进阶需求。在卫星遥感领域，需要实现天基对地观测数据与空基、地面获取数据的融合应用，需要研究空间遥感精细化测量方法，突破在轨数据融合与处理、多探测要素融合等，最终实现多元感知、综合感知、精细感知；同时，高稳定低噪声毫米波接收、差分吸收激光雷达等新型技术的研究与应用也是天基遥感的重要发展方向。在卫星导航领域，面向高性能、高可靠导航定位的需求及卫星导航系统有限性、脆弱性问题，研究重点为室内、水下、地下、深空、深海导航定位的新机理、新方法，在此基础上研究异质异构多源导航的建模、系统控制与数据融合技术，从整体上建设新时空体系。目前，多信息融合水下导航技术、水下通信导航一体化技术都是导航技术发展的重点（周磊和张锴，2015）。为促进上述技术的工程实施和建设一体化的基础设施，本研究提出了实施国家空间物联网重大工程的建议。

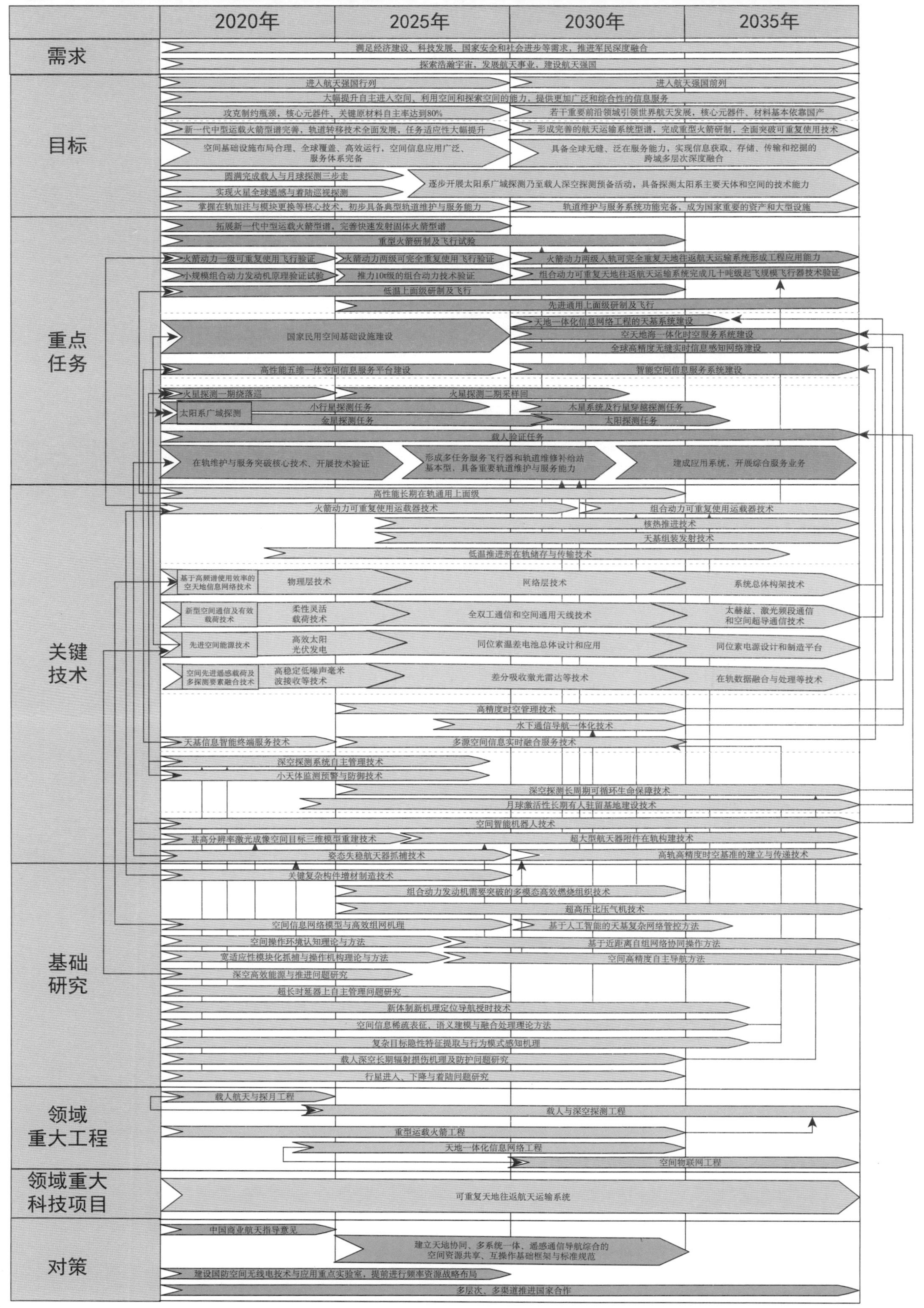

图 5-1　面向 2035 年的中国航天领域工程科技发展技术路线图

为实现天地一体化的应用，中国需要建设高性能五维一体空间信息服务平台、智能空间信息服务系统，研制满足天地一体化信息网络通信的终端技术，突破多源空间信息实时融合服务、空间信息语义挖掘与向自然语言互转译等技术，探究复杂目标隐性特征提取与行为模式感知机理、空间信息稀疏表征、语义建模与融合处理理论方法等（王大鹏等，2016）。

2035年，中国在载人与深空探测领域的重点任务为载人登月、火星绕落巡与采样回、小天体探测、木星系统及行星穿越探测、太阳系及星际空间探测。在载人领域，需要重点研究空间智能机器人、深空探测长周期可循环生命保障、月球激活性长期有人驻留基地建设等技术，在2027～2033年视情发射无乘员或有乘员的载人飞船，造访深空目的地，如地月拉格朗日点、近地小行星或月球表面（叶培建等，2016）。在深空探测领域，深空探测器系统自主管理、可靠高码速率深空通信、高效空间、先进空间、深空复杂环境天体动力学研究都是深空探测的核心问题。

在轨维护与服务系统在2030年国家重大科技项目中已有安排，随着空间智能机器人、在轨加注与模块更换、轨道救援等关键技术的突破，在2027年前后建设完成多任务服务飞行器和轨道维修补给站基本型的基础上，中国将进一步深化超大型航天器附件在轨构建、航天器部组件回收再利用技术的工程应用；在2035年建成轨道维护与服务体系，具备空间飞行器维护与服务、轨道维护、空间系统在轨构建等业务能力。

面向2035年的中国航天领域工程科技发展技术路线图见图5-1。

第六章
面向 2035 年的中国航天工程科技发展需优先开展的基础研究方向

第一节　基础研究方向选择准则

以把握科学前沿和瞄准国家战略目标为出发点，根据中国科技进步和经济社会发展的迫切需求，从以下多视角遴选需优先发展的基础研究方向。

（1）面向国家战略需求开展基础研究方向选择。包括战略必争领域、关系国家安全和核心利益等领域的基础研究方向，以及为解决中国面临的重大挑战性问题、重要瓶颈问题需要开展的基础研究方向等。

（2）面向世界工程科技前沿开展基础研究方向选择。面向世界工程科技前沿，选择在拓展新前沿、创造新知识、形成新理论、发展新方法上有望取得重大突破，并对未来经济社会发展和应对全球重大挑战具有重大带动作用的基础研究方向，尤其是中国具有较好的研究基础和优势且有望领先突破的应用基础研究方向。

（3）面向中国产业转型升级和新兴产业发展要求开展基础研究方向选择。针对影响中国产业发展的深层次、基础性问题，以及影响产业发展的普遍性、共性技术发展需求等，尤其是长期困扰中国产业竞争力提升的重要基础性问题，提出基础研究重点方向。

（4）关注跨领域交叉融合的基础研究方向。面向当前跨领域综合与集群创新的大趋势，突出学科交叉的重大前沿领域的基础研究，以及重大应用领域的跨学科科学问题研究。

第二节　航天领域中需优先开展的基础研究方向

围绕工程科技发展前沿和重大挑战性问题，航天领域的院士、专家研究提出了工程科技发展需解决的基础研究问题，并基于上述选择原则对基础研究方向进行了进一步评判，提出了 24 项建议优先开展的基础研究方向，见表 6-1。

表 6-1　航天领域优先开展的基础研究方向

技术项编号	基础研究方向
1	火箭动力可重复使用运载器设计与制造基础
2	组合动力可重复使用运载器设计与制造基础
3	核热推进技术理论及方法
4	空间信息网络模型与高效组网机理
5	基于人工智能的天基复杂网络管控方法
6	通信导航融合技术
7	空间云计算技术
8	空间频率资源高效利用及传输方法
9	新型空间电源技术
10	多探测要素融合技术
11	空间超导技术
12	新体制新机理定位导航授时技术
13	空间信息稀疏表征、语义建模与融合处理理论方法
14	复杂目标隐性特征提取与行为模式感知机理

续表

技术项编号	基础研究方向
15	深空复杂环境天体动力学研究
16	高可靠高码速率深空通信问题研究
17	深空高效能源与推进基础
18	超长时延器上自主管理方法
19	载人深空长期辐射损伤机理及防护方法研究
20	行星进入、下降与着陆问题研究
21	空间操作环境认知理论与方法
22	宽适应性模块化抓捕与操作机构理论与方法
23	废弃航天器在轨回收再利用方法
24	基于近距离自组网络协同操作方法

一、火箭动力可重复使用运载器设计与制造基础

完成运载火箭子级可控回收及可重复使用工程应用；完成火箭动力两级入轨可完全重复使用运载器研制及可重复使用性能飞行验证，实现工程应用，具备重复使用50次、两次飞行任务间隔时间不大于48h的工程能力，成本降至一次性运载火箭的1/3～1/2。

主要研究方向：面向可重复使用的返回与着陆制导控制技术；高能合成煤油及吸热型碳氢燃料技术；火箭发动机多次可重复使用技术；复杂边界多场耦合优化仿真技术；大型薄壁复杂构件整体超塑成形技术；关键复杂构件增材制造技术（杜宗罡等，2005）。

二、组合动力可重复使用运载器设计与制造基础

完成小尺寸组合动力可重复使用运载器的技术验证，初步具备水平起降航天运输能力，为最终发展组合动力单级入轨可重复使用运载器和形成水平起降、单级入轨的可重复使用运输能力奠定基础。

主要研究方向：关键复杂构件增材制造技术；大型薄壁复杂构件整体超塑成形技术等结构设计制造相关技术；复杂边界多场耦合优化仿真技

术；面向可重复使用的返回与着陆制导控制技术；多模态高效燃烧组织技术；大功率气流低温预冷技术；超高压比压气机技术；大流量高焓试验技术（杨磊，2017）。

三、核热推进技术理论及方法

核热推进技术主要研究并突破比冲900s左右和推力20t级的核热发动机，充分发挥核动力火箭高比冲、大推力的独特性能，并以此为基础开展核热推进载人登火模式、核热推进载人登火运载火箭总体方案、核热推进系统总体方案设计（陈守东和陈敬超，2011）。

主要研究方向：核辐射屏蔽材料；星堆材料结构；核能热流烧蚀技术。

四、空间信息网络模型与高效组网机理

为实现未来空间信息网多维、多元、多域信息的自主融合，亟须研究建立统一的空间信息网络体系模型，以及空间信息网的高效联通与弹性组网机理，形成高效组网和网络资源的弹性调度能力。

主要研究方向：网络功能结构与体系架构设计；网络建模方法与实现；网络资源高效共享与弹性组网技术；网络协议体系与智能路由技术；网络信息传输与智能接入技术；多域网络联合优化设计技术。

五、基于人工智能的天基复杂网络管控方法

针对未来天地一体化信息网络多轨道系统混合、多类型业务融合、异构网络资源综合的特点，开展基于人工智能的网络管控方法研究，以实现系统资源的按需灵活配置，提高卫星资源利用率及网络抗毁重构能力，为保障网络可靠、安全、高效运行提供技术支撑。

主要研究方向：智能化网络资源调度技术；实时高效网络测量技术；基于任务的资源动态聚合与重构技术；综合网络安全管理技术；智能网络

环境预测技术；智能多维资源复用技术。

六、通信导航融合技术

针对通信与导航信号深度融合的需求，开展卫星、地面移动通信与卫星导航的深度融合技术研究，突破卫星、地面移动通信与卫星导航在信号、信息层次的深度融合等关键技术，提出通信导航深度融合相关规范，支撑卫星、地面移动通信与卫星导航一体化技术的发展（张风国等，2014）。

主要研究方向：卫星、地面移动通信与卫星导航深度融合的体系架构设计；地面移动通信与卫星导航的同频段、共平台、同终端的一体化信号体制设计；基于卫星、地面移动通信与卫星导航深度融合的信号处理和信息处理技术研究。

七、空间云计算技术

该技术将统筹管理异构网络星上控制系统、星载计算机等计算资源，实现高、中、低轨间多星动态协同计算，减少50%的天地通信环节和90%的数据传输量，是未来通信、导航、遥感等各类信息高度融合的关键技术。

主要研究方向：在轨虚拟化分布式计算技术；空天地海一体化多源信息融合技术；多源信息协同数据分析与处理技术。

八、空间频率资源高效利用及传输方法

面向天地一体化信息网络中空、天、地各类网络节点之间高效可靠的信息传输需求，针对空间频段资源紧缺、天地通信业务用频交叠和干扰日益严重等问题，开展空间频率资源高效利用及传输技术研究，以最大化利用天地通信系统资源。

主要研究方向：星地协同频谱感知技术；自适应频谱干扰规避技术；

基于优化认知高吞吐量的动态频谱分配技术；高频段自适应传输技术；同频同时全双工技术；长寿命高可靠星载激光传输技术。

九、新型空间电源技术

面向未来空、天、地能源互联网对航天器提出的互联互通、综合调度管理需求，以及雷达、合成孔径雷达（synthetic aperture radar，SAR）、时分多址（time division multiple access，TDMA）激光等瞬时大功率载荷需求，开展空间能源互联网顶层设计、空间无线能量传输机制机理、多端口航天器电源系统集约化、在轨电源可更换、大功率高压高效电源拓扑与能量管理等关键技术（李振宇等，2015）。

主要研究方向：空间能源信息融合技术；可更换 Plug-in（插入式）航天器电力系统组件模块化与协议技术；一体化航天器电力系统技术；高效远场无线能量传输技术；大功率高效电源拓扑设计与控制方法；高能量密度和高功率密度储能材料与能量管理；高效率高功率密度太阳电池阵技术。

十、多探测要素融合技术

面向未来空间对地遥感要素多样化、精细化测量需求以及空间遥感系统综合化发展需求，研究多要素空间遥感技术体制、空间遥感精细化测量方法、多遥感要素一体化综合测量方法、数据解析与信息挖掘方法等，支持空间对地遥感向高性能、集约化方向发展，实现多元感知、综合感知、精细感知。

主要研究方向：高空间分辨率成像技术；高辐射分辨率测量技术；高精度空间物理场原位测量技术；多要素遥感器一体化技术；基于压缩感知的空间海量遥感信息获取技术；多源 / 多维 / 多尺度空间遥感数据融合技术；面向多元应用的遥感数据挖掘 / 集成技术；多源数据快速处理与分发技术（陈瑞波，2014）。

十一、空间超导技术

随着空间需求和军事应用的不断增加，高温超导技术在未来的卫星系统中将发挥越来越重要的作用。当前，中国已经研制出多种高温超导微波器件，推动了高温超导技术在空间领域的广泛应用，展示了其广阔的应用前景。

主要研究方向：星载高温超导接收技术；基于超导滤波器的雷达发射和接收技术；高温超导空间红外探测技术；应用于超精卫星平台的高温超导悬浮轴承技术。

十二、新体制新机理定位导航授时技术

探索利用自然和人工信息资源，以合作或非合作方式获取用户时空信息的新原理、新方法，研究防止卫星导航定位系统出现局限性、脆弱性的定位导航授时新模型、新算法，开发区域、广域导航定位新体制。针对高性能、高可靠导航定位的需求及卫星导航系统有限性、脆弱性问题，开展面向室内、水下、地下、深空、深海导航定位的新机理、新方法研究，在此基础上研究异质异购多源导航的建模、系统控制与数据融合技术，设计适用于不同应用需求的多源定位导航授时系统，为各种导航位置服务平台提供广覆盖、高精度、强健可靠、便捷好用的定位导航授时服务。

主要研究方向：导航定位的新机理、新方法研究；多源导航自适应融合技术研究；“即查即用”的多源导航系统设计；定位导航授时综合体系架构研究；定位导航授时体系导航全链路仿真与评估技术研究。

十三、空间信息稀疏表征、语义建模与融合处理理论方法

面向地球自然环境和人类社会深层次认知的智慧信息服务需求，对浩繁复杂的空间信息进行关键信息提取并对本征信息进行稀疏表征，建立面向认知需求的空间信息表征理论，实现对极大规模、瞬变形态与复杂耦合结构空间信息在高度压缩基础上的精准描述。

主要研究方向：基于自然语义的“人－机－环境”一体化空间信息智能化抽样与认知表达模型；自然、信息、认知三类空间耦合映射关系；多源空间信息的冗余特征以及表达歧义识别和消除的方法；天地一体化时间参考框架；面向应用场景和目的的关键空间信息融合与辅助认知决策。

十四、复杂目标隐性特征提取与行为模式感知机理

利用对地观测手段提取反应目标本质属性，去除遮蔽与伪装干扰，体现目标间逻辑与协同关系的隐性特征，并对目标空间运动、时间变化、理化演变、事件驱动等行为模式进行感知，同时对目标的未来行为状态进行预估。

主要研究方向：复杂目标隐性特征提取理论与方法；复杂目标行为模式感知理论与方法；时空连续观测数据特征与运动机理组合分析方法；天地一体化时间参考框架；目标行为状态预测预估与动向分析。

十五、深空复杂环境天体动力学研究

围绕深空探测器所面临的特殊动力学环境问题，研究深空探测器在多体动力学环境下的运动机理，探索深空探测轨道动力学分析与优化设计方法，形成深空复杂环境天体动力学基础理论，为后续地外行星改造、载人探测等奠定技术基础。

主要研究方向：行星际转移轨道动力学建模与轨道优化设计；火星制动捕获段优化控制技术；小行星不规则弱引力场动力学特征表征与末制导技术；地外天体超高速精准交会技术；深空飞行轨道的优化设计与仿真。

十六、高可靠高码速率深空通信问题研究

面向中国深空探测未来发展的重大需求，围绕深空高可靠、高码速率通信理论与方法的基础问题开展研究，揭示深空环境对无线电波传输的影

响机理，提出深空探测中继导航原理，探索深空通信新理论与新方法，实现未来高码速率、大容量的深空通信（沈国勤，2007）。

主要研究方向：微弱信号接收与识别；高灵敏度信号检测；超远距离动态目标高概率快速捕获与高精度动态跟踪；深空探测中继导航测量模型；深空弱链路通信地面模拟及高灵敏度接收系统地面测试方法；量子通信；激光通信；纳米光通信；螺旋电磁波通信；行星际互联网通信。

十七、深空高效能源与推进基础

面向中国未来深空探测对能源与动力技术的迫切需求，开展深空新型高效能源与动力技术研究，研究无质损磁光联合纳米动力基础理论，揭示磁光联合纳米动力中光能 - 动能以及电能 - 动能的转换机理，突破空间核反应堆电源、无工质微波、高比冲磁动力等深空新型推进技术，研究基于新型正负极材料的新一代锂离子电池，满足未来深空探测的任务需求（朱雨等，2008）。

主要研究方向：空间核反应堆动态热电转换效能提升；微波推进电动力学效应及机理；微波推进腔体电磁特征与推力精确计算；基于量子理论的微波推进性能分析；基于磁流体力学的多物理场建模与演算；多场耦合磁光纳米联合动力学建模与仿真；新型正负极材料锂离子电池新原理与新工艺。

十八、超长时延器上自主管理方法

以火星及以远的深空探测器为研究载体，分析超远距离通信和复杂空间环境对探测器自主管理能力的影响与需求，全面彻底地剖析探测过程中的各种模式，开展探测器各构件的解析冗余特征研究和优化配置设计，突破自主规划知识建模、时间和资源约束表示、规划与调度算法等关键技术，实现深空探测器对于未知故障的自主处理能力。

主要研究方向：面向多类型深空探测目标的自主规划策略、规划调度模型架构、规划调度算法；自主故障诊断、隔离、处理与恢复；多航天器自主协同作业技术。

十九、载人深空长期辐射损伤机理及防护方法研究

载人深空探测面临特殊的辐射环境，需重点分析长期空间辐射对人体健康的影响，开展辐射损伤效应和辐射防护方法研究。

主要研究方向：辐射风险建模评估；辐射减轻和生物学对策；综合辐射防护屏蔽；辐射监测机理。

二十、行星进入、下降与着陆问题研究

进入、下降与着陆是对地外有大气天体着陆探测的关键环节之一，需重点研究气动建模、热防护、刚柔耦合等问题。

主要研究方向：稀薄 / 稠密大气条件下空气动力学；二氧化碳介质热防护系统；柔性耐烧蚀材料；充气膨胀动力学机理。

二十一、空间操作环境认知理论与方法

针对空间在轨操作任务，开展复杂空间环境认知理论方法研究，重点针对处于翻滚状态的在轨故障卫星、失效卫星或大型空间碎片，开展超近距离位姿精准测量、目标精细三维模型获取、运动特征智能识别、目标属性智能确认、抓捕部位智能跟踪等基础理论和方法研究。

主要研究方向：高精度高动态测量传感器技术；多源传感器智能数据处理与融合方法和技术；空间目标属性和特征识别训练技术；空间目标三维模型重建精度小于 10mm@1km，数据更新率高于 5Hz 的新型传感器和智能数据处理新方法。

二十二、宽适应性模块化抓捕与操作机构理论与方法

面向空间抓捕对接、强制展开、在轨加注、电源并网、信息接入、模

块更换、拆解重构等在轨复杂精细操作任务，开展通用化宽适应性抓捕机构、模块化可重构操作机构、智能化可更换末端执行器、标准化聚合连接接口等设计理论与方法研究，探索实现对旋转速率在10～120r/min的目标抓捕消旋、适应80%以上卫星在轨维修维护以及恢复40%以上在轨故障的空间新型操作机构和控制理论方法。

主要研究方向：基于新型材料和原理的轻质测量与传动装置；触觉 / 力 / 视觉智能传感器；模块化变构形设计方法；超冗余机构动力学与控制。

二十三、废弃航天器在轨回收再利用方法

废弃航天器部组件回收后可用于在轨增材制造和推进工质，开展废弃航天器部组件回收拆解、组分原材料在轨分解提炼，基于回收原材料在轨增材制造和推进应用的基础理论与方法研究，探索实现对废弃航天器部组件回收再利用的新原理和新方法。

主要研究方向：在开放空间废弃航天器部组件分离拆解、在轨对复杂组分材料高纯度提炼、基于回收材料的增材制造和离子化推进。

二十四、基于近距离自组织网络协同操作方法

开展多智能机器人近距离自组织网络、相互高精度定位、智能协同感知与操作基础理论和方法研究，探索实现距离不小于100m、通信速率达到1Mbit/s、定位精度优于1cm的空间近距离自组织网络，以及基于自组织网络的智能协同感知和操作控制的新理论与新方法。

主要研究方向：通信与测控一体化自组织网络、智能协同感知与操作。

第七章
重大工程与重大科技项目

第一节　载人与深空探测重大工程

一、需求与必要性

载人与深空探测为当前国际上最前沿的科技创新活动之一，是促进原创性科学成果集聚产生的挑战性任务，需要突破智能控制、先进空间能源、先进推进、超远距离测控通信、长周期可循环生命保障等航天技术（柴毅，2016），攻克适应极端环境条件的新材料、元器件、精密制造、仪器仪表等基础技术，探索研究宇宙和生命起源及演化等重大科学问题，提升空间原位资源勘测、勘探及开发利用的能力，从而实现中国深空探测和空间科学研究的整体跃进，带动中国高新领域、基础领域及前沿领域的科技进步与人才培养。

二、工程任务

载人与深空探测工程构成如图 7-1 所示。2035 年左右，中国载人与深空探测的主要任务和实施时间如下。

（1）小行星探测任务。2024年，中国计划发射小行星采样返回探测器，通过一次发射实现对近地小行星的采样返回和主带彗星环绕探测，并择机飞越探测1～2颗小行星。

（2）火星探测任务。在火星探测一期实现绕落巡的条件下，2026～2028年，中国计划发射火星采样返回探测器群，着陆火星表面、采样并返回地球。

（3）太阳系广域探测任务。面向太阳系的内行星、巨行星、太阳系边际以及太阳本身，有选择地开展探测活动，包括计划于2029年用长征五号运载火箭发射木星系统及行星穿越探测器，开展以木星及其卫星环绕、其他巨行星飞越为主的多目标、多任务探测；视情于2021～2026年开展金星探测；视情于2023～2026年发射太阳极区探测器，实现太阳极轨环绕，开展太阳极区的日冕物质抛射、磁场、等离子体、速度场、辐射场、太阳风的科学探测。

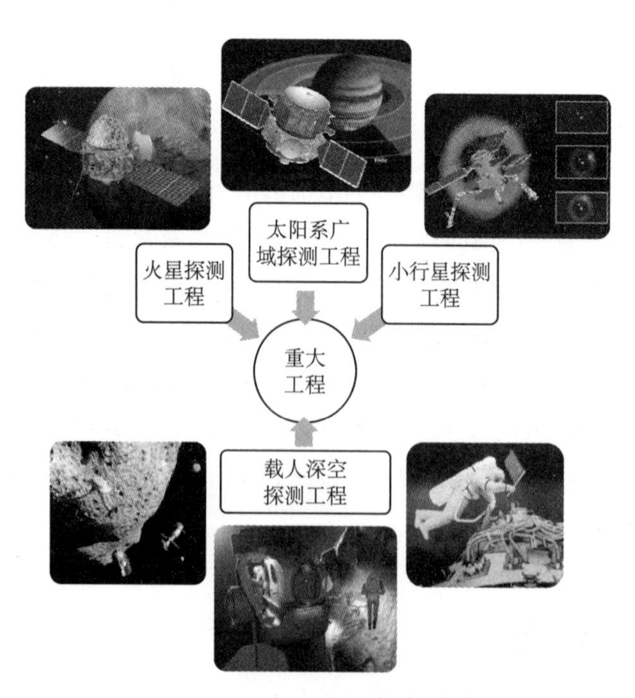

图7-1　载人与深空探测工程构成

（4）载人深空探测任务。发射无乘员和有乘员的深空往返（地月拉格朗日点、某近地小行星、月球表面）载人验证任务探测器，验证载人深空探测技术要素的可行性，为载人火星探测打好技术基础。

中国需要解决的关键科学技术问题如下。

（1）2022 年前后，突破行星际飞行轨道设计、自主导航与控制、4 亿 km 远测控通信、弱引力附着、稀薄 / 稠密大气环境着陆、极端环境适应、长期自主管理、行星际弱引力天体采样返回等深空探测关键技术，实现从地月系统探测到行星际探测的跨越，初步建成深空探测工程体系。

（2）2026 年前后，突破空间核能源、先进空间电推进、超长期自主管理、10 亿 km 远测控通信、火星表面起飞及轨道交会对接等深空探测关键技术，以完成火星采样返回为标志实现总体目标，形成较为完备的深空探测工程和科学应用体系，为星际探测打下基础。

（3）2035 年左右，突破深空探测长周期可循环生命保障系统，载人飞船行星际再入，目标天体载人着陆、附着与复飞等载人深空探测关键技术。开展火星表面植物培养与种植、地外激活性长期有人驻留平台等技术的验证，为载人火星探测奠定技术基础。

三、工程目标与效果

载人与深空探测工程将开创中国行星际探测新领域，掌握多种无人 / 有人深空探测手段，使中国整体能力达到国际同期先进水平，跻身世界深空探测领域先进行列。通过工程实施，中国将掌握直接转移、行星借力等星际飞行方式，实现太阳系内行星和小行星飞越、环绕、软着陆和巡视、采样返回，以及太阳极区等多种探测手段；全面掌握深空测控通信技术，逐步形成 10 亿 km 量级距离的通信能力；全面掌握同位素、核反应堆电源技术，实现空间能源从高效太阳能到核能源的跨越；突破高比冲变推力电推进技术，将空间推进系统比冲从 300s 左右提高一个数量级，达到 3000s 左右；具备覆盖太阳系各类天体的基础探测能力。

第二节　空间物联网重大工程

一、需求与必要性

人类社会向未来分布更广、种类更多、数量更大的物与物或人与物相连的网络时代演进，已成为必然且发展越来越快。通过天基系统实现物联信息的跨域采集、大尺度传输和快速响应，将大幅度拓展当前物联网的应用空间，形成涵盖陆、海、空、天的智能全域网络和信息服务体系，实现信息获取、存储、传递和挖掘的多层次自主融合。与地面物联网络有机融合，终端同类、标准统一、服务相同的空间物联网将成为未来重要的发展内容，是新一代信息基础设施建设的重要组成部分，将强有力地支撑中国网络强国和航天强国建设。

二、工程任务

2020年前后，落实《国家民用空间基础设施中长期发展规划（2015—2025 年）》的实施，重点解决通信领域的管道建设、空间遥感信息的类别完整和连续获取、定位导航授时信息的全面应用普及等问题；开展空间物联网网络的顶层规划设计和标准规范研究，突破高动态异构网络资源管理、网络信息系统协同工作、网络自主管理、极端环境下物联终端研制等核心技术；研究信息融合、水下通信及探测等重点技术方向。

2030 年前后，完成天地一体化信息网络建设，重点解决空间通信系统组网、空间遥感系统入网、天地一体随需接入等问题；开展天地兼容和窄带 / 宽带物联系统的国际化标准制定；完成物联终端核心产品型谱开发；突破分布式计算、智能网络环境预测技术、综合网络安全、人工智能等核心技术；开展空间物联网络的部分建设（王世强和侯妍，2009）。

2035 年前后，建成空间物联网络，实现天基、空基、地基互联互通，为空中、海洋、空间等各类物联终端提供安全可靠、自主可控、随需而至的信息获取与传输服务、智能自主管理和操作、广域信息采集与数据融合，搭建“引领需求、管理信息、设计服务”三位一体的信息服务体系。

为实现空间物联网络的工程建设，需重点解决材料、控制和网络等领域的核心科学问题，突破网络控制、天基载荷功能重构、分布式计算与控制、卫星自主任务管理与智能操控等方向的工程技术问题，具体如下。

（1）基于分层架构的物联与互联多功能系统总体设计技术。研究设计可以接入各种异构感知设备的网络体系架构以及集数据接入、管理和安全于一体的空间信息平台；解决星上载荷功能重构问题，实现基带综合、射频综合甚至孔径综合。

（2）卫星自主任务管理与智能操控技术。实现卫星任务规划、实施、评价的自主管理与快速汇报，卫星自身和网络的智能健康检查，网络、用户的动态管理和网络化功能加载。

（3）基于任务的资源动态聚合与重组技术。面向不同类型物联终端的数据采集、广播分发等任务，通过多星联网、多业务卫星系统联合，实现天基资源的动态调配和应急重组。

（4）标准统一、数据同类极端环境下的物联终端总体技术。面向海洋、高山、航空等极端环境，开发标准统一、数据服务同类、服务标准相同的物联终端型谱。

三、工程目标与效果

融合卫星通信、卫星遥感和卫星导航定位等多业务系统，构建以天基节点为核心，天基、空基、地基节点融合互通的空间物联网络，实现信息获取、信息存储、信息传输和信息挖掘的跨域多层次自主融合与云处理，为海上、地面、空中、空间各类应用终端提供全域无缝覆盖、全维均衡服务和全元数据融合的网络信息服务，形成新一代军民融合信息服务体系。通过重点设备研制和系统建设，将掌握与航天强国相适应的核心技术和产品，建设一系列空间基础设施，搭建先进完备的空、天、地、海物联网试验床，建立产品功能验证、性能检测和互通性检验体系，提升全球及深空以远的信息网络综合应用能力，占据全球信息技术制高点。

第三节　重型运载火箭重大工程

一、需求与必要性

重型运载火箭代表一个国家自主进入更远空间的能力，是利用和探索空间的前提与基础，是国家综合国力的重要体现和航天强国的重要标志。美国的新型重型火箭太空发射系统（space launch system，SLS）将于2020年左右实现近地轨道运载能力达到70t，2030年左右近地轨道运载能力达到130t。俄罗斯2018年公布计划研制近地轨道运载能力130～180t的重型火箭，以实现载人登陆月球，建设月球永久基地。中国目前最大运载能力的长征五号火箭近地轨道运载能力为25t，与目前国际主流运载火箭相当，但落后于成功首飞的SpaceX公司近地轨道运载能力60t级的法尔肯重型火箭，与美国和俄罗斯未来重型火箭运载能力差距更为明显。尽快开展重型火箭的工程研制可使中国运载火箭技术更早达到世界领先水平，满足载人登月、深空探测等重大任务的需求，也将带动新材料、新工艺、新器件、新装备等基础工业实现跨越式发展，对促进航天科技和工业快速发展，推进中国由航天大国向航天强国的转变具有深远意义。

二、工程任务

目前，中国的重型运载火箭已经开展关键技术攻关和方案深化论证的研制工作。2020～2030年，中国关于重型运载火箭的主要任务和实施时间如下。

（1）2020年前，完成关键技术攻关、方案深化论证和方案设计。主要任务是完成重型运载火箭总体方案优化论证，制定关键技术攻关途径，总体和各分系统全面开展关键技术攻关；完成以大直径箭体设计制造、大推力发动机为代表的原理样机研制，并通过试验验证，为确保技术方案的可实现性奠定坚实的基础；在方案深化论证的基础上确定总体及分系统技术状态，完成各系统原理性试验验证；关键技术基本突破；确定工艺总方案；具备相应的生产、试验条件。

（2）2025 年前，完成初样研制。主要任务是进行初样产品设计和试验，验证方案设计的正确性、可靠性和系统的协调性，关键技术全部突破；经过充分的地面试验，总体及各分系统性能满足设计要求，生产工艺稳定，产品质量和可靠性可得到保证。

（3）2028 年前后，完成试样研制，并实现首飞。主要任务是进行试样产品设计和试验，全面考核工程研制阶段的设计结果，检验全型号系统的协调性、可靠性和各项指标的正确性；通过串联式构型和四助推构型火箭的验证飞行，全面鉴定火箭的核心模块性能指标和设计、生产质量。

需要解决的关键科学技术问题如下。

（1）重型运载火箭总体技术。明确系列化发展思路，确定重型运载火箭优化可行的总体方案。开展包括动力总体优化技术、结构总体优化技术等影响重型运载火箭总体技术方案的重点技术研究，为分系统和重要单机状态确定、系统间接口设计的协调优化奠定基础；发展大功率伺服机构、研究先进自动对接技术、采用电气系统一体化设计、应用故障诊断和任务在线重构技术，实现中国运载火箭整体性能的大幅提升。形成重型运载火箭系列化型谱，实现重型运载火箭地月转移轨道 15t、35t 和 50t 的运载能力梯度。

（2）大推力液氧煤油发动机技术。完成发动机系统、总装及主要组合件方案深化论证；突破大流量高压预燃室、高效高可靠涡轮泵、高压静密封等核心关键技术；完成预燃室挤压试验，预燃室与氢、氧主涡轮泵联动试验，以及发动机半系统试验等关键试验。实现发动机整机试车，将中国液氧煤油发动机推力水平由 100t 级提升至 480t 级，中国推力等级和整体性能达到世界先进水平。

（3）大直径箭体设计、制造及试验技术。结合9.5m直径短储箱和大直径集中力传力壳段原理样机的设计、制造和试验，开展Φ径短储箱大直径箭体结构重大设计关键技术攻关，突破产品试制平台关键技术及关键系统建设，提升大直径、新材料结构制造工艺及试验验证能力。实现中国运载火箭直径由5m级向10m级的跨越，大幅提升中国航天产业的加工制造能力。

三、工程目标与效果

中国重型运载火箭工程将用14年时间，突破一系列重大关键技术，建成高效的重型火箭研发制造体系，完成重型火箭工程研制，实现近地轨道运载能力140t级的基本型火箭首飞。通过模块化和组合化，可以形成近地轨道运载能力覆盖50～140t的重型运载火箭型谱。重型火箭可应用于近地轨道大型空间设施建设、地球同步轨道空间太阳能电站建设和载人登月、火星及更远距离的深空探测。重型火箭工程的实施，将辐射带动一系列民用技术的提高，促进国民经济的发展和科技进步，为中国经济增长及实施创新型国家战略做出重要贡献，对保证中国太空安全和国防安全、构建中国现代军事力量体系具有重要意义。

第四节　可重复天地往返航天运输系统重大科技项目

瞄准降低航天运输成本，提高快速响应能力的需求，可重复天地往返航天运输系统按照火箭动力和组合动力两条技术路径同步开展研究，梯次形成能力。其中，火箭动力两级入轨可完全重复使用运载器分为垂直起飞水平着陆两级入轨可重复使用运载器、垂直起降可重复使用运载火箭和伞降回收可重复使用运载火箭。

一、需求与必要性

开展可重复天地往返航天运输系统研制，将实现由单一航天运输向航天运输与空间服务相结合的重大跨越，大幅提升中国进出空间和控制空间的能力，为维护中国空天安全提供支撑；将大幅降低航天运输成本，提供廉价、可靠、快速、便捷的空间运输服务，带动中国产业结构转型升级；将引领科技前沿，极大地促进生产力的发展，实现中国工业技术新的飞跃，大幅提升中国航天运输的国际竞争力，为国民经济带来新的增长点，具有显著的军事、经济和社会效益。

二、关键技术攻关任务与路径

1. 总目标

到 2035 年，计划构建中国第一代火箭动力两级入轨可完全重复使用天地往返运输系统基本型，实现 48h 再次发射、成本降至一次性运载火箭的 1/5，形成中国可重复使用进入空间、利用空间、按需返回能力；完成组合动力可重复使用天地往返运输系统关键技术攻关及原理样机飞行试验，为发展水平起降天地往返航天运输系统奠定技术基础。

2. 阶段目标与主要路径

到 2020 年，计划完成火箭动力一级可重复使用飞行验证，突破核心技术；完成小规模组合动力发动机原理验证试验。

（1）基于现有运载火箭型号完成子级可控回收，子级垂直起降可重复使用运载火箭完成关键技术攻关和演示验证试验。

（2）突破可重复使用运载器多学科优化设计技术、火箭发动机多次启动技术、高温轻质热防护材料技术、大范围机动能量管理与进场着陆技术等关键技术，完成较小规模垂直起飞水平着陆可重复使用运载器一级飞行验证，具备部分可重复使用能力。

（3）同步启动组合动力发动机方案研究与关键技术攻关，完成组合动力发动机原理验证试验。

到 2025 年，计划现有运载火箭型号完成子级可控回收及可重复使用的工程应用；完成火箭动力两级入轨可完全重复使用飞行验证；完成推力 10t 级的组合动力技术验证。

（1）基于可重复使用运载器一级技术基础，重点开展可重复使用运载器两级一体化导航制导控制技术、轨道再入热防护与轻质结构技术等关键技术攻关，完成更大规模垂直起飞水平着陆两级入轨可重复使用运载器飞行验证。

（2）现役火箭一子级均实现子级可控回收，垂直起降可重复使用运载火箭一级完成关键技术攻关和飞行验证，实现工程应用。

（3）突破组合动力飞行器总体 / 推进一体化设计、大空域宽速域气动技术、强耦合的一体化导航制导与控制技术等关键技术，完成组合动力技术验证飞行试验。

到 2035 年，计划火箭动力两级入轨完全可重复天地往返航天运输系统形成工程应用能力；组合动力可重复天地往返航天运输系统完成几十吨级起飞规模飞行器技术验证。

（1）火箭动力两级入轨可完全重复天地往返航天运输系统完成多次飞行试验，实现天地往返运输和在轨服务两个方向的工程应用，成本降至一次性运载火箭的 1/5。

（2）组合动力可重复天地往返航天运输系统完成一级技术验证，具备近地轨道百千克级的入轨载荷能力。

三、需要突破的关键技术

在子级可控回收及可重复使用技术方面，需要突破翼伞可控回收、子级再入高精度控制及精确着落、垂直起降用箭体回收机构、箭体再入环境预示与热防护设计等相关技术。

在火箭动力可重复使用运载器技术方面，需要突破大型薄壁复杂构件整体超塑成形技术、关键复杂构件增材制造技术；突破火箭发动机可多次重复使用等相关技术（张慧芳和张治民，2008）。

在组合动力可重复使用运载器技术方面，需要突破关键复杂构件增材制造技术、大型薄壁复杂构件整体超塑成形技术等结构设计制造相关技术；突破复杂边界多场耦合优化仿真技术、面向可重复使用的返回与着陆制导控制技术；突破多模态高效燃烧组织技术、大功率气流低温预冷技术、超高压比压气机技术、大流量高焓试验技术。

第八章
措施与政策建议

（1）充分发挥政府的主导作用，在中央军民融合发展委员会及其办公室的领导下，尽快建立由中央集中统一领导、军民协调的航天管理体制。在航天发展改革的顶层设计、规划计划制定、创新体系建立、重大专项实施等方面做好军民统筹，使其保持深度融合。

（2）开展航天法规政策体系的设计与建设，着力推进航天法的立法进程，形成完备、配套的法规政策体系。明确中国航天的战略定位，确定强国目标、发展路径、政策措施等。优化发射审批流程，布局海上发射场，提升航天运输国际竞争力，推进卫星应用政策标准建设，持续推动空间基础设施建设和资源的共享共用，在数据共享的基础上进一步推进多源卫星、系统运控、多类用户的综合统筹机制构建等。

（3）加强基础研究和技术储备，强化对重大前沿技术和颠覆性技术的评估预判。加快重型运载火箭立项，统筹推进深空探测等项目论证与实施，合理配置资源、优化工程方案。将航天元器件、原材料国产化作为一项战略性基础工作，加快元器件、原材料国产化进程。军民联合成立航天战略研究专家委员会，部署开展未来航天图景、重大前沿和颠覆性技术研究。

（4）构建开放的产、学、研、用协同创新平台，加强技术人才培养。

在国家现有相关试验条件的基础上，建立开放的技术使能平台，支持产、学、研、用协同创新，即时对研究成果进行技术评价，避免低水平重复研究，加速技术成果转化，提升技术成熟度，确保国家科技投入产生效益。实施航天创新人才培养重点工程，培养造就一批能冲击国际技术前沿、突破核心关键技术、推动产业转型升级的创新领军人才、学科带头人，以及一批科技创新能力强、学术水平高、吸引和集聚人才的创新团队，组建跨学科、综合交叉的科研团队，加强协同合作（熊薇等，2015）。

（5）多渠道、多层次地积极推进国际合作与交流。积极参与相关国际组织和国际协调，以及国际空间法规、规则、标准的制定，提升话语权与影响力；积极参与国际空间活动，牵头或共同发起重大深空探测计划；充分利用“一带一路”倡议国际合作机遇，开展沿线国家的航天合作，共建“一带一路”空间信息走廊，推动中国空间基础设施的国际化服务。

第二篇

中国海洋工程科技 2035 发展战略研究

第九章
面向2035年的世界海洋工程科技发展趋势

第一节　海洋工程科技国际发展现状与趋势

一、海洋工程科技国际先进水平与发展趋势

（一）海洋环境立体观测技术与装备

1. 卫星遥感海洋环境观测的多参数、宽视场、实时化、立体化

1960年，美国成功发射了世界上第一颗气象卫星（TIROS-1），实现了利用星载红外辐射计提取可靠的海表温度。半个多世纪以来，世界主要航天大国均发射了多颗海洋遥感观测卫星，并形成连续系列，获取了现场观测无法比拟的丰富资料。

目前，海洋遥感卫星的发展趋势如下。

（1）以前尚未实现卫星遥感观测的海洋环境要素探测技术的发展，如可获取水下海洋光学参数的激光雷达探测技术和更丰富水下、水面信息的海水偏振卫星探测技术。

（2）上一代卫星在宽视场、实时化等方向的发展，如可实现小时级时

间观测频次的静止轨道海洋卫星遥感探测技术、可极大地提高海面高度观测刈幅的宽刈幅成像雷达高度计技术，以及多普勒雷达散射计观测技术。多参数、宽范围、实时化、立体化，将是下一代海洋环境遥感观测技术的发展方向。

此外，产业化和商业化也是海洋遥感技术发展和应用的主要趋势，具体如下。

（1）高时间、高空间分辨率卫星系列持续发展，获取的高精度、高信噪比的观测信息可保障多方面多层次的信息应用。例如，美国国家海洋和大气管理局（National Oceanic and Atmospheric Administration，NOAA）、美国国家航空航天局（National Aeronautics and Space Administration，NASA）和欧洲气象卫星应用组织（European Organization for the Exploitation of Meteorological Satellites，EUMETSAT）联合研发的联合极轨卫星系统（joint polar satellite system，JPSS）的系列卫星，代表了气象、海洋等领域观测系统的高新技术应用，其搭载的微波辐射计 ATMS、云和地球辐射能探测系统 CERES、辐射探测仪 RBI、交轨红外探测器 CrIS、臭氧观测仪器 OMPS、可见红外成像辐射计组件 VIIRS 等覆盖了紫外、可见、红外、微波等多个谱段，可在气象、气候、地表、海洋、全球与区域环境监测等方面发挥重要作用。

（2）海洋大数据信息产业化及商业化应用蓬勃发展。目前，国际上已有多家从事空间信息获取与资源服务的商业公司，主要通过大量中小型卫星组网，提供高时间、高空间分辨率的全球覆盖信息服务。同时，大部分商业公司正在开展通过大数据挖掘技术提供定制服务的尝试，有望进一步催生全新的商业模式。美国高度重视大数据价值，积极推动数据开放，拥有一批掌握核心技术的信息技术企业，形成了从发展战略、法律框架到行动计划的完整布局，在商业和社会大数据取得领先优势的同时，积极推动科学大数据的产业化和商业化进程。例如，2014 年起美国国家海洋和大气管理局实施的海洋气象大数据项目，与国际商业机器公司（International Business Machines Corporation，IBM）、亚马逊公司（Amazon）等合作，开展海洋大数据云平台计算存储和数据共享，挖掘每天获取的超过 20TB

的海洋数据价值，为海洋经济发展提供服务。

2. 传感器及探测装备的小型化、智能化、标准化、产业化

20世纪90年代以来，发达国家在海洋环境传感器技术领域取得了重大进展，海洋测量传感器技术进入一个高速发展时期，新型海洋测量传感器使海洋观测、监测、探测向实时、精细、立体、系统方向发展。海洋现场观测、监测、探测技术装备的发展呈智能化发展趋势，由以前的连续、实时、现场观测逐渐演变为无人值守和无人操作的长期原位观测。与此同时，海洋仪器也逐渐朝着智能化的方向发展，具有自主观测和数据采集，自主跟踪、协调和控制系统内设备，处理相关故障，自主融合观测区域内的观测数据，自主处理观测数据，以及自主分发数据处理结果等功能。未来智能化的仪器装备主要有智能锚系和漂流浮标，高度智能化的自主式水下航行器（AUV）和水下滑翔机（Glider），智能化无人机、无人艇、海底车，智能化无人值守、低功耗、高可靠的水文、气象、生态要素自动观测台站，以及智能动力、生态、声学环境等传感器等。这些技术将以物联网、云计算、地理信息系统、互联网、人工智能、融合通信等为基础，实现海洋环境观测测量参数综合化、系统模块化、数据传输实时化、观（监）测服务一体化。

3. 海洋组网观测的全球化、层次化、综合化与智慧化

对海洋观测研究而言，不仅要从空中和陆上观海，更要巡海、入海开展调查和探测，形成立体观测网络。建设军民兼用的海洋环境业务化保障体系已成为许多国家安全保障的重要举措，一些发达国家的海洋立体监视监测能力正在逐步覆盖全球，海洋环境预报能力已触及世界海洋的各个海域。海洋遥感遥测、自动观测、水声探测和探查技术，以及卫星、飞机、船舶、潜器、浮标、岸站、海底工作站、深海环境生态模拟平台等制造技术相互连接，形成立体、实时的海洋环境观测和监测系统，不仅可对现有状态进行精确描述，而且可对未来海洋环境进行持续预测。

各国纷纷开发研究海洋技术集成，建立各种监测网络，如全球海洋观测系统（global ocean observing system，GOOS）、全球海洋实时观测

计划（array for real-time geostrophic oceanography，ARGO）、全球综合地球观测系统（global earth observation system of systems，GEOSS）等的实施，为海洋研究所需的全球、区域和国家尺度的长期观测、监测与信息网络的建设提供了可能。海洋的立体观测网络建设将成为未来海洋科技发展的关键。面向 2035 年，海洋观测网技术主要有以下发展趋势：①面向全球大洋的全域观测系统及组网技术；②面向多学科相互作用过程的高密度综合观测技术；③面向智慧海洋立体多层次的信息观测与共享技术。

（二）海底资源勘查及开发

海底资源勘查及开发已上升为建设海洋强国的国家战略。当下，海底资源勘查与开发技术正朝着精确化、高效率、大范围、大深度的目标发展。

1. 海底资源勘查及开发走向制度化和多样化

多金属结核勘探是全球海底矿产资源探测的第一轮浪潮。1987 年，苏联第一个向国际海底管理局（International Seabed Authority，ISA）提出多金属结核矿区申请。随后，世界主要海洋强国均圈定本国的矿区，并与国际海底管理局签订勘探合同。但由于深海采矿前景不明朗，跨国公司放缓了“区域”活动的步伐，以政府资助为主的活动逐步取代跨国财团的活动。目前，对海底矿产资源的勘探圈矿已经从多金属结核发展到富钴结壳和多金属硫化物。根据国际海底管理局发布数据，截至 2018 年 7 月底，已有 17 个承包者签署了海底多金属结核勘探合同，4 个承包者签署了海底富钴结壳勘探合同，7 个承包者签署了海底多金属硫化物勘探合同。

随着海底资源探测技术的不断发展，发达国家将海底矿产资源勘查从单一的多金属结核探测拓展到富钴结壳、多金属硫化物、深海磷矿、天然气水合物等。发达国家利用对国际海底管理局的主导权，制定各种矿产资源勘探的规章制度，利用国际规则来保障各国在国际海底矿产资源权益上的最大化。1998 年，俄罗斯率先向国际海底管理局提出制定深海资源法律制度的动议。国际海底管理局理事会分别于 2000 年、2010 年和 2013 年通过《"区域"内多金属结核探矿和勘探规章》《"区域"内多金属硫化物探矿和勘探规章》《"区域"内富钴结壳探矿和勘探规章》，但目前关于上述矿产资源的开发规章尚未出台。

2. 国际商业勘探促进深海矿区纷争加剧，商业试采不断涌现

鹦鹉螺矿业公司（Nautilus Minerals Inc.）于 2005 年率先对巴布亚新几内亚专属经济区内的硫化物资源进行了商业勘探。自 2010 年国际海底管理局通过《"区域"内多金属硫化物探矿和勘探规章》以来，各国开始争相申请。2011 年，国际海底管理局第 17 次会议相继核准了中国关于西南印度洋脊的 1 万 km^2 和俄罗斯关于北大西洋中脊的 1 万 km^2 硫化物矿区申请。随后的三年，韩国、德国、印度和法国成为第二批申请国际海底硫化物资源勘探权的国家，其申请区分别位于印度洋中脊（韩国、德国、印度）和北大西洋中脊（法国）。2017 年，波兰成为第 7 个多金属硫化物承包者，其勘探合同区位于北大西洋中脊。

20 世纪 70～80 年代，美国等西方国家成功进行了多次 5000m 级的多金属结核试采。近年来，日本、韩国和印度也完成了 1km 以上水深的多金属结核采矿试验。日本已实现 1600m 水深的海底多金属硫化物采矿试验。澳大利亚、美国、新西兰、英国等通过国家或者企业立项在多金属硫化物三维立体勘探技术（如近底电磁法）、海底矿石取样技术、海底采矿环境评价技术等方面均取得了突破性进展。随着全球资源勘探开发步伐的加快，各国在技术上也取得了长足的进步。2015 年，日产汽车公司和日本海洋研究开发机构宣布，将共同研发一款海底探测器，深入海底探测资源。株洲中车时代电气股份有限公司也宣布成功研制出世界上第一套商业深海采矿设备，已经在英国纽卡斯尔通过陆上测试。2016 年上半年，该套设备在中东阿曼湾完成水试后，交付给北美一家深海矿业公司，用于海底硫化物采矿。

由于深海国际海底蕴藏着极为丰富的多金属结核、富钴结壳、海底热液硫化物等矿产资源和深海生物与基因资源，一些海洋强国正在加紧深海

技术储备，迎接真正商业开采时代的来临。但深海矿产资源勘探开发具有高技术、高投入、高风险和战略性的特点，尤其是多金属硫化物资源作为海底深层赋存的矿藏，给深海勘探和资源评价带来了更大的挑战。目前，深海矿产资源勘查技术朝着大深度、近海底和原位方向发展，精确勘探识别、原位测量、保真取样、快速有效的资源评价等技术已成为重点发展方向。

3. 天然气水合物开采成为各国争先开展的重要储备能源开发技术

天然气水合物作为未来潜在的重要能源，是经济可持续发展的重要能源保障。世界较多国家，包括日本、美国、中国、印度、英国、德国等，分别通过实施国家研发计划，开展天然气水合物调查研究和试开采工作。

21 世纪后，较多国家进一步加大了对天然气水合物资源的勘查开发投资力度，开始了天然气水合物开发工艺的研发和试开采。2002 年、2007 年、2008 年，加拿大地质调查局联合德国、印度和国际大陆科学钻探计划（International Continental Scientific Drilling Program，ICDP）等，先后在麦肯齐三角洲进行了多轮天然气水合物试开采工作，积累了丰富的数据和开采经验；2013 年 3 月，日本在其南海海槽进行了天然气水合物试开采，首次在海域采集到水合物甲烷气；2017 年，我国在南海北部神狐海域进行的天然气水合物试开采获得成功，使得我国成为全球第一个在海域天然气水合物试开采中获得连续稳定产气的国家。此次试开采成功使我国天然气水合物勘查和开采的核心技术得到验证，为最终实现商业性开发进行了有益探索。但我国天然气水合物开采仍面临核心技术缺乏、系统集成度不高、刻画和描述天然气水合物储层的全方位多层次立体观测技术能力薄弱等问题，也尚未掌握天然气水合物钻探的随钻测井、保压取芯、原位测试等核心技术。

（三）海洋生物资源勘查及开发

1. 传统深远海渔业朝着精准化、数字化和信息系统一体化发展

目前，世界发达国家和地区为增强对海洋生物资源的掌控能力，已开

始通过结合4S[①]等高新技术，加强对大洋公海渔业资源渔场开发和监测调查，加深对渔业资源数量波动和渔场变动的理解。同时，各海洋发达国家日益重视水声学探测方法，利用其高效率无接触损伤采样、对海洋生物进行大规模走航垂直断面采样、结合潜标方法进行连续定点探测等优点，获取可以匹配海洋遥感、海流分布等海洋大数据同化处理所需要的海洋生物资源量及时空分布信息，为解析海洋生态规律提供了有效的数据支撑。在渔业装备工程领域中，世界渔业强国目前已基本实现渔业装备与船舶工业的同步发展。面向深远海资源，渔船装备工程技术水平不断得到提高，开发能力不断增强。

以日本为例，作为世界渔业强国，常年开展远洋和极地海洋生物资源的调查与评估，对金枪鱼类、柔鱼类、鲨鱼类、鲸类、南极磷虾等60多个重要远洋渔业种类进行调查与评估，同时依托日本渔业情报服务中心定期发布各大洋海域多种渔业信息产品，科学指导渔业生产。利用海洋生物多频宽带声学探测系统进行海洋生物和鱼类资源探测为世界上声学渔业探查的主流方向，未来随着对不同鱼种声学散射特性的把握，不同鱼种和浮游动物的声学识别、分布探测、资源评估技术将有所突破。

2. 大宗深远海渔业新资源的开发技术正在快速发展

目前，全球尚未被充分开发利用的渔业资源多为以往探查或开发技术难以企及的生物种类，如孕育于严酷环境的南极磷虾和分布于200～1000m水层的深海中层鱼类资源。近年，挪威已在渔业新资源捕捞技术和产品精深加工方面取得突破，将南极磷虾打造成由水下连续泵吸捕捞技术支撑、南极磷虾油提取等高附加值产品开发技术拉动的集全产业链为一体的新型磷虾产业。全球生物量最大的海洋渔业新资源——深海中层鱼类资源，由于其垂直分布范围大而自身经济价值低，目前尚未形成在经济上可行的开发技术，但各海洋渔业强国已针对深海中层鱼类资源建设全球探测网络，并在捕捞装备技术与高附加值利用等多层面进行研发和技术

---

① 4S指RS（remote sensing，遥感）、GIS（geographical information system，地理信息系统）、GPS（global positioning system，全球定位系统）、VMS（vessel monitoring system，渔船监测系统）。

储备。

3. 深远海生物基因资源已成为海洋生物技术开发热点

海洋赋存独特的生物基因资源，既是研究生命起源和进化的理想场所，也是独特的功能基因产品开发的源泉。海洋生物基因资源，特别是深海生物基因资源的研究已成为海洋领域地球科学和生物学交叉学科的热点，同时也是海洋生物技术开发的前沿。美国、日本等早已开展深海基因资源的研究和利用，2007年美国发布的《规划美国未来十年海洋科学事业：海洋研究优先计划和实施战略》，已将深海基因研究和开发利用列为10年后美国海洋研究的优先领域之一。目前，我国海洋生物功能基因研究已经进入世界先进行列。我国通过部署并实施863计划等科研项目，在海洋生物重要功能基因开发、功能基因工程产品开发等方面储备了关键技术，并在青岛建成全球最大的海洋基因库。

4. 产物资源开发朝着深层次、高效率及多学科交叉方向发展

海洋生物材料工程技术随着海洋生物技术和生物医用材料等多个相关学科的发展而兴起。国际上以各种海藻、海洋动物甲壳质、廉价糖类、脂类、蛋白质等为原料，以各种酶催化、微生物全细胞催化或化学改性等为手段，面向生物医用材料、精细化学品、大宗化学品、新型生物燃料等应用开发，已取得显著技术进步或商业化成功。

海洋生物酶制剂可广泛应用于工业、农业、食品、能源、环境保护、生物医药和材料等众多领域。欧洲、美国及日本等发达地区和国家每年投入多达100亿美元，用于海洋生物酶制剂领域的研究与开发，以保证其在该领域的技术领先和市场竞争力。迄今，全球已获得200多种嗜冷、嗜热、嗜碱及耐受有机溶剂的极端海洋生物酶，其中新酶达到30余种。多种具有重要用途的海洋生物酶制剂实现产业化开发和应用。由于特殊的生存环境，海洋微生物拥有特殊的基因资源和特殊的代谢途径，为研究与开发海洋创新药物和海洋新颖生物制品提供了丰富资源。目前，已经发现700多种源自海洋放线菌的活性新化合物，从海洋真菌发现并开发的头孢菌素已成为全球对抗感染性疾病的主力药物，年市场额在600亿美元以

上。海洋微生物代谢产物的独特结构和显著活性，已成为新药及生物、化学品等先导化合物的重要来源。

5. 脆弱生态系统保护成为海洋开发活动的首要问题

在海洋资源开发利用日益深入的同时，海洋生态与环境问题已日益受到国际社会的重视，深海环境保护尤其是生物多样性保护已成为热点问题之一。开展深海生物多样性调查评估并建立保护区是国际公认的深海生物多样性养护与可持续利用手段。2004 年,《联合国气候变化框架公约》第 10 次缔约方大会通过方案，建议立即开展国际合作，采取行动改善国家管辖范围以外区域生物多样性的养护和可持续利用，并将海底山脉、热液喷口、冷水珊瑚和其他脆弱的生态系统纳入其中。目前，公海保护区作为一种全新的生物多样性就地保护形式已被付诸国际实践，发达国家提出了一系列的公海保护区建设模式、选区准则及管理制度的提案，在全球范围内已建立包括南奥克尼群岛南大陆架海洋保护区、大西洋公海海洋保护区、南极罗斯海地区海洋保护区等。

保护区选划一般以区域海洋生物多样性的基线信息为依据，以生物生态学指标为准则，以各国的海洋利益最大化为目标。因此，在进行资料收集和补充调查的基础上，开展海洋保护区选划指标、模式和方案研究，为未来划区提供数据和技术支撑，是未来海洋事务的重要环节，事关国家未来战略走向和发展，对我国建设海洋强国也具有重要意义。日后的工作应聚焦在海洋保护区建设与管理关键技术上，摸清海洋生物多样性基本状况，对可能建设保护区的区域，通过开展海洋保护区建设关键技术研究，提出保护方案。

（四）海水资源和海洋能综合利用

1. 海水资源利用技术

海水淡化已成为世界各国解决水资源短缺问题的战略选择和有效措施。目前，在世界上已诞生的海水淡化技术中，以反渗透海水淡化法为代表的膜法海水淡化技术和以低温多效蒸馏法、多级闪急蒸馏法为代表的热法海水淡化技术得到广泛应用。在这两大主流技术中，膜法海水淡化技术在设备投资、运行能耗和占地规模等方面更具有优势，将成为未来发展的主导。随着技术的不断进步，目前反渗透海水淡化法的制水成本已降至 0.5 美元 /t 左右。其他新型海水淡化工艺，如正渗透、膜蒸馏、电吸附等也正在开发与应用之中。美国、以色列、日本、新加坡、韩国、西班牙、德国、法国、英国等国家在该技术领域居于世界领先地位，是主要的海水淡化技术和产品输出国。这些发达国家有的生产海水淡化配套核心部件和关键设备，有的专业从事海水淡化工程设计、总承包和水务运营等。中东地区仍是世界上海水淡化水量最大的地区。

在海水直接利用方面，目前以海水作为沿海电力、石化、钢铁等大型工业企业生产用的循环冷却水得到广泛应用，同时还用于景观和大生活用水。在海水化学资源开发利用方面，目前主要是从海水中提取钾、镁、氯、溴、碘等一些常量化学元素，通过工厂化规模提取及深加工，合成生产新的化工产品。随着科技的不断发展，如何进一步降低海水化学资源提取能耗和生产成本，而且从海水中的常量元素提取向微量元素（如锂、铀、重氢）延伸，是该技术发展的必然趋势。世界上海水化学资源开发利用技术领先的国家包括美国、以色列、日本、英国等，所采用的工艺技术主要包括空气吹出法、离子筛、电渗析、膜浓缩、多效蒸馏、机械热压缩蒸发等。此外，深层海水的开发利用也为海水资源的开发与综合利用开辟了新的领域和方向。

为实现对海水资源的高效利用，必须解决的首要问题是降低能耗和成本，提高海水资源开发利用的经济性。因此，还需深入解决和突破一些前沿问题和关键技术，主要包括高性能分离膜材料与膜组件、高效能量回收技术和装备、大型高压泵、低能耗海水预处理净化工艺、大型化工程系统设计与集成装备、海水淡化多过程组合工艺、新型海水淡化技术、海水化学资源提取与浓缩技术、深层海水的提取和加工技术等。

2. 海洋能利用技术

根据 2014 年 8 月国际可再生能源机构（International Renewable Energy

Agency，IRENA）发布的研究报告，国际海洋能技术总体上仍处于技术研发及示范阶段，其中潮汐能技术最为成熟，已商业化运行数十年。

在国际潮汐能技术方面，1966 年法国建成了朗斯潮汐电站（装机 240MW），1984 年加拿大建成了安纳波利斯潮汐电站（装机 20MW），2011 年韩国建成了始华湖潮汐发电站（装机 254MW），这 3 个电站均为传统拦坝式潮汐电站。2017 年英国斯旺西湾开工建设新型潮汐潟湖电站（装机 320MW）。整体上，目前国际潮汐能技术正朝着低成本、环境友好方向发展。

在国际潮流能技术方面，英国 MeyGen 潮流能发电场一期工程（装机 6MW）于 2016 年 11 月竣工，单月并网发电量创造了 140 万 kW·h 的世界纪录。荷兰 Torcado 公司于 2015 年 9 月建成了国际上首个并网运行的潮流能发电阵列（装机 1.2MW）。此外，法国、加拿大也已建成 MW 级潮流能发电场。国际潮流能技术即将进入商业化运行，并朝着高可靠、低成本、阵列化应用发展。

在国际波浪能技术方面，位于英国的欧洲海洋能源中心（European Marine Energy Center，EMEC）海洋能试验场测试及示范运行的波浪能装置已达数十台，装机最大达 1MW，测试时间最长的超过 5 年。截至 2017 年底，实现并网运行波浪能电站主要包括西班牙的 Mutriku 波浪能电站（装机 300kW）、美国海洋电力技术公司的 PowerBuoy 波浪能发电装置（装机 150kW）。国际波浪能技术仍朝着耐生存、高效率、易维护、阵列化应用发展。

国际温差能技术和盐差能技术仍处于小规模示范应用阶段。

总体上看，2020 年前后，国际潮流能技术、波浪能技术、温差能技术将成为重点发展领域，具有很好的工程化应用前景；2035 年前后，国际潮汐能技术、盐差能技术等有望出现颠覆性进展。

（五）海洋环境安全保障

1. 无缝衔接的覆盖多类物理海洋过程的数值模式

海洋数值模式是 20 世纪中叶随着计算机技术的发展而兴起的一种物

理海洋学研究手段，采用不同的数值方法如有限差分、有限元和有限体积法等将海水运动的控制方程离散化。和海洋观测相比，其优点是花费少，可以设计各种定量化数值试验进行海水运动的机理研究，并可开展海洋环境要素预报。目前，其预报内容已从传统海洋动力环境安全开始转向生态环境安全、资源开发安全、腐蚀寿命安全和海洋空间权益拓展等海洋环境大安全方面的内容。

超级计算机的发展、多种类海洋监测数据的实时获取、资料同化技术的发展和高效并行技术的逐渐成熟，使得发展超高分辨率的无缝海洋数值预报系统成为世界各国进行海洋安全保障的主要方向。实时立体监测与海洋预警预报模拟将获得全球和区域海洋信息大数据，通过信息智能服务系统，将在各种海洋安全和海洋开发活动中得到广泛应用，推进海洋信息产业化。

2. 岛礁海洋生态系统的构建、修复与保护技术

珊瑚礁生态系统是海洋中生产力最高且与人类关系最密切的生态系统之一。美国与澳大利亚具有世界上最先进的珊瑚礁生态系统研究、保护、管理与修复体系。澳大利亚大堡礁的研究、管理与保护都由大堡礁海洋公园管理局（Great Barrier Reef Marine Park Authority，GBRMPA）统筹，大堡礁生态系统保护管理与修复技术最关键的基础在于区划制，将20多万平方公里的大堡礁划分为极细致的分区，在不同分区实行不同的保护管理措施与修复技术，实现保护管控与经济开发的平衡。

目前，国外对珊瑚礁进行生态恢复与保护最常采用的方法为物理恢复方法和生态恢复方法。其中，物理恢复方法主要强调采用工程学的方法使珊瑚礁生长的环境条件得以恢复。生态恢复方法主要强调珊瑚礁生态系统的生物多样性和整个生态系统过程得以正常进行，生态系统的整体功能得以恢复。物种移植是珊瑚礁生态系统修复与构建的关键技术。

3. 大陆架划界高精度海底探测保障技术

大陆架划界与大陆边缘的形成演化、地形地貌、沉积物厚度等地质-地球物理特征直接相关。美国、澳大利亚等一些海洋强国较早就开始重视

大陆架划界中所涉及的科学与法律的交叉问题，在制定新的“国际游戏规则”过程中，将本国利益最大化地考虑进去，从源头上有效地维护了本国的海洋权益。支撑大陆架划界的大陆边缘研究自 20 世纪 90 年代以来就被世界海洋大国列为重点研究内容，并从特征、过程向动力学机制研究的方向发展。

（六）海洋开发装备

为树立海洋开发装备产业在国际市场的优势地位，维护国家海洋权益，世界各国均在海洋开发装备的设计研发、生产建造、管理运行等方面倾注了大量的人力、物力。特别是近年来，随着先进制造技术的飞速发展，结合传感器技术、通信技术、“互联网 +”技术、先进材料技术、动力系统集成技术的新型海洋开发装备理念，正影响着越来越多的人对未来海洋空间发展和海洋资源利用的认知，并进一步推动海洋开发装备产业的结构化转型和升级。现有的海洋开发装备国际先进技术与前沿问题主要如下。

1. 节能环保技术

随着国际社会对海洋环境保护的日益重视，海洋开发装备节能环保技术成为关注和开发的重点。在海洋油气开发装备方面，包括泥浆处理系统开发应用技术、生活垃圾处理技术、伴生气回收利用技术等；在海洋可再生能源方面，包括潮汐能、波浪能、潮流能、海洋温差能、盐差能、生物质能等绿色、环保、可持续发展的能源。

2. 系统集成技术

近年来，国际知名企业纷纷开展海洋开发装备系统集成技术研究，结合专业优势将相关设备打包供应，提供整体解决方案。这首先便于制造企业开展采购、安装、调试等工作；其次利于设备供应商提高市场份额；最后利于设备供应商抢占服务市场，包括售前、售后等。当前，系统集成技术研究应用主要包括动力系统集成技术、通信导航系统集成技术、电气及自动化系统集成技术等。

3. 智能运营技术

随着互联网、大数据、智能控制、人工智能等技术的发展，海洋资源开发装备智能化程度不断提升，装备智能运营技术成为发展热点之一。在海洋生物资源和深海探测开发上，越来越多的装备技术正朝着自动化、信息化、智能化的方向发展，相应的系统配套设备也在不断完善。

4. 新型材料技术

未来，先进材料将具备一些新特性并具有多功能用途。新型的合金具有高延展性和耐腐蚀性，越来越多的复合材料也将具有质量更轻、强度更大、韧性更好且不易腐蚀等特点。欧盟和美国已经建立材料科学研究合作关系，包括关键原材料替代技术的联合研发、新兴先进材料前沿技术的联合研究、计算机模拟技术的联合研制等。随着材料技术和密封技术的不断发展，深海无人潜水器的潜深不断加大，可保证其在更广阔的空间内实施水下作业任务。

5. 深远海开发装备

随着对深海空间了解的逐渐加深，深海科考装备、深海资源开发装备、深海应急保障装备的研发与建造正影响着人类对深海空间的认知和探索方式。在深远海开发装备方面，人类正向深远海进军，因此要求海洋开发装备具备深远化作业能力，包括美国、日本在内，越来越多的国家将研制在万米水深作业的潜水器装备，深远海开发装备将是海洋开发装备的重要发展方向。

二、世界各国正在开展的重大科技计划

（一）海洋环境立体观测技术与装备

目前，在现有观测技术和装备发展的基础上，国际和一些海洋强国已经相继开展并建立了一系列海洋环境综合观测系统。

1. 全球海洋观测系统

1989 年，联合国教育、科学及文化组织政府间海洋学委员会提出建

立全球海洋观测系统。目标是建立一个统一、协调、资料和产品共享的国际系统，使人们能够安全、有效、合理、可靠地利用和保护海洋环境，并进行气候预测和海洋管理，同时也可使小国家和欠发达国家参与，并从资料收集、数据和信息管理、数据分析、产品加工和分发、数值模拟和预报，以及培训、技术援助和技术转让及联合调查中获益。目前，已经从概念计划、示范运行逐渐进入业务运行阶段。

2. 美国综合海洋观测系统

美国综合海洋观测系统（integrated ocean observing system，IOOS）的目的是建立一个完全综合的海洋观测系统，通过该系统增强对生态系统和气候的理解、保障海洋生物资源的持续利用、改善公共安全和健康、减少自然灾害和环境变化对人们的不良影响、强化对海上商业和运输活动的支持，从而使美国国家海洋和大气管理局及其合作伙伴更好地服务国民经济建设。

3. 欧洲海洋观测与预报服务系统

欧盟与欧洲航天局的“全球环境与安全监测”（Global Monitoring for Environment and Security，GMES）计划旨在建立和健全一个由高中低分辨率对地观测卫星组成的观测系统。在其框架下，利用卫星观测数据，结合实测数据和预报模型，在全球及欧洲海区，为各类海洋应用提供产品和服务。目前，建立的欧洲海洋观测与预报服务系统 MyOcean 项目已经执行三期，包括 MyOcean（2009～2012 年）、MyOcean2（2012～2014 年）和 MyOcean Follow-On（2014～ 2015 年）。

总的来说，目前国际上已经有相对较成熟的全球计划框架（全球海洋观测系统），我国也开展了建设国家综合海洋观测网的规划。从长远来看，面向海洋活动需求，以海洋信息服务为中心的多平台组成的自适应海洋环境立体观测网络是今后的重要发展方向。

（二）海底资源勘查及开发

1. 欧盟“Blue Mining”计划和“Blue Nodules”计划

“Blue Mining”计划从 2014 年开始执行，至 2018 年结束，共有欧盟

19 家研究机构、大学和公司参与。计划围绕探索深海可持续采矿的关键技术，重点发展深度在 6000m 以内的深海矿产资源勘探、开采和开发技术方法及重大装备。“Blue Nodules”计划从 2016 年 1 月开始执行，是欧盟“地平线 2020”（Horizon 2020）计划的创新项目之一，其主要目标是发展深海多金属结核环境友好型、智能化采矿技术。

2. 欧盟 MIDAS 计划

MIDAS（Managing Impacts of Deep-sea Resource Exploitation，深海资源开发环境评价）计划从 2013 年 11 月开始运作，到 2016 年 12 月底完成，由欧盟投资 1200 万欧元，共有 32 家研究机构、大学和公司参与。计划主要围绕深海矿产资源（包括多金属硫化物、锰结核、富钴结壳、稀土软泥）和天然气水合物开采的环境评价进行研究，主要方向包括：①海底资源开采、尾矿处理和天然气水合物开采等活动带来的边坡失稳潜在地质灾害评估；②采矿过程带来的水体颗粒物潜在扰动对环境污染的评价；③海底采矿区有毒物质监测及其对海洋生态环境影响的评价。通过该计划的实施，将开发一系列针对深海矿产资源和海洋天然气水合物开发相关的环境监测、评价等先进技术和装备。

总体而言，目前对海底资源的勘查及开发以国家投入为主，具有计划周期长、资金雄厚、注重技术创新储备、国际交流合作等特点。此外，各国又根据自己的实际情况，制定相应的科学目标，有的更关注资源问题，如日本、印度等；有的更关注环境效应，如英国、德国等。

（三）海洋生物资源勘查及开发

1. 海洋生物酶和微生物研发技术

在海洋生物酶研发方面，美国启动了“极端环境生命”（Life in Extreme Environments，LExEn）计划，欧盟启动了“冷酶”（Cold Enzyme）计划、“极端细胞工厂”（Extremophiles as Cell Factory）计划和“地平线 2020”（Horizon 2020）计划，德国启动了“生物催化 2021”（Biocatalysis 2021）计划，日本启动了“深海之星”（Deep-star）计划等。我国 863 计划也启

动了“海洋生物功能蛋白高效发掘与产品开发”项目。另外，一些国际知名的医药企业或生物技术公司纷纷投身于海洋生物酶制剂的研发和生产，企业在海洋生物酶开发方面的主体意识不断增强，建设配套完善的研发平台和应用技术链，不断提升研究和产业的整体技术水平与综合创新能力。预计海洋生物酶的规模化开发将为生物催化和转化的生物制造产业带来深远影响。在海洋微生物领域，美国、日本、德国、法国等海洋强国纷纷投入巨大的人力物力，开展了系统深入的研究，分别推出了“海洋微生物专项”“海洋微生物工程”等，投入巨资发展海洋微生物技术。

2. 海洋产物资源开发技术

海洋生物医用材料（如寡糖）、组织修复医用材料、医用甲壳质纤维、人工骨骼等产业正在崛起，均具有巨大的市场开发潜力。世界各国也相继开展利用廉价生物质生产医用材料、高附加值精细化学品、化工醇等大宗化学品、海藻生物燃料等重大科技计划。预计海洋生物工程技术将在医疗、食品、化妆品、纺织、农业、环保等领域得到更广泛的应用。海洋生物功能基因的开发在各国海洋科技战略部署中均被列为重点任务。功能基因将在农业、医药、能源与环境等领域得到应用，为海洋生物资源的可持续利用带来新希望，并将驱动新的海洋生物产业的建立。我国通过部署并实施 863 计划等科研项目，在海洋生物重要功能基因开发、功能基因工程产品开发等方面也取得显著进展。

3. 深海生态环境

近年来，对深海生态系统的保护已引起国际社会的广泛关注，国际海底管理局 2015 年发布的《指导承包者评估“区域”内海洋矿物勘探活动可能对环境造成的影响的建议》，要求深海采矿必须首先对生物多样性等进行环境基线调查，评价采矿对海洋环境的影响。此外，“国家管辖范围以外区域海洋生物多样性养护与可持续利用”国际新规将对国际海域深海生物资源获取提出严格要求。

鉴于深海生态系统及生物多样性保护的重要性，2008 年荷兰皇家海洋研究所将远海海洋工程、深海生态系统功能复杂性等作为后续研究重点。2008 年 11 月，欧盟将研究和保护深海生态系统作为未来欧洲海洋研究的重点之一。日本则将海洋与极限环境生物圈研究、海洋生物多样性研究、深海与地壳内生物圈研究、海洋环境与生物圈变迁过程研究定为现阶段的主要研究内容。美国国家海洋和大气管理局、美国地质调查局和美国海洋能源管理局于 2011 年共同发起了"Deep-water Mid-atlantic Canyons Exploration"计划，美国和欧洲地区的 10 多个研究机构参与其中，主要对美国东海岸大陆架海底峡谷的生物种群进行调查研究。该计划通过生物、生态、地质、海洋学的综合调查，研究深海冷泉生态系统的种群结构、分类、发育生物学、物种间的遗传联系、共生微生物与食物链、生态系统的物理、化学、地质条件等。2013 年，由美国国家自然科学基金会资助，美国、英国、新西兰三方合作开展"Hadal Ecosystem Study"（HADES）计划，进一步提高了对超深渊生态系统的认知。

（四）海水资源和海洋能综合利用

1. 海水资源综合利用

当前，一些国家正在大力开展海水淡化和膜法水处理技术重大科技计划项目研究，希望在海水淡化核心技术方面取得突破性进展，在保障国内水资源安全的同时，保持海水淡化市场较高的占有率。

（1）日本"百万吨 / 天膜法水处理系统"（Mega-ton Water System）项目。项目执行期为 2009～2014 年，项目总投资为 0.34 亿美元，涵盖 31 个单位，其中有 11 所大学、18 家公司，参加人数为 140 人。其目标是发展可持续的先进水处理技术，满足低能耗、低成本和低环境影响的发展要求，解决 21 世纪全球水资源短缺的问题。该系统由两部分组成：一是研究百万吨级的尖端和智能海水淡化系统，以保障水的稳定安全供应；二是研究百万吨级的创新废水处理系统，将消耗水变为可生产水（再生水）和能源。该系统有 8 个主题，其中 5 个核心技术是高性能膜与大尺寸元件、取水技术、压力阻尼渗透（pressure retarded osmosis，PRO）、高效能量回收和极耐用的低成本管材；另外 3 个系统工艺技术是百万吨级海水淡化系统的优化、水资源再生的污水集成膜系统和环境友好的反渗透海水淡化系统。项目在满足系统设计要求的基础上，重点研究潜在的重大关键核心技术。

（2）韩国高效反渗透海水工程（Seawater Engineering and Architecture of High Efficiency Reverse Osmosis，SEAHERO）项目从 2006 年 12 月开始运作，2007 年 9 月正式实施，到 2012 年底完成。总投资为 1.6 亿美元，共有 600 名科研人员参加，除了大学、研究所，还邀请了 11 家企业参与，包括负责海水淡化反渗透膜开发的世韩公司（现改名熊津化学），负责系统工程的斗山集团，负责高压水泵的晓星集团等。项目的主要目标是力争在 5 年内把韩国打造成膜法海水淡化的世界性技术强国，形成拥有自主产权的主要设备及系统开发能力。力争在以下三方面有所突破：Large Scale（大规模），拥有建成单机 27 000m^3/d（目标 40 000m^3/d）的能力，并建成样板工程；Low Energy（低能耗），海水淡化工厂的总耗电低于 4kW · h /m^3；Low Fouling（低污染），通过前处理技术开发，将现有的淤泥密度指数（silting density index，SDI）降低一半，并且研究出比淤泥密度指数更具代表性的评价指标。

在深层海水开发利用方面，日本早在 1998 年就开展了“海洋深层水的特性和机能研究”课题，下设“深层海水的特性评估研究”“深层海水在食品应用领域的机能研究”“深层海水在生物生产领域的机能研究”“深层海水在保健应用领域的机能研究”四个子课题，参加课题研究的单位包括日本国家级研究机构 3 家、大学等研究机构 5 家、公共测试机构 4 家和民间企业 2 家。课题研究体现了日本深层海水国家创新系统构成的多层次性和完善性，使日本的深层海水利用技术走在了世界前列。后续也鲜见类似有关深层海水研究的详细报道。

2. 海洋能综合利用

美国能源部水力技术办公室的“海洋及水动力”计划支持开展海洋能研发、测试、评估、示范等项目，设立了到 2030 年 12～15 美分 /kW · h 的海洋能发电成本下降目标，通过“海洋和水动力可再生能源项目”专项资金提供支持，近几年年均投入 4000 万美元，促进国内海洋能技术的领先发展，预计2030年美国商业化应用的海洋能装机容量将达到2300万kW。

英国对不同阶段的海洋能研发及应用采取不同的资金支持方式：通过“研究理事会能源”计划为海洋能基础应用研究提供支持，通过“创新英国”（Innovate UK）为中型研发计划提供支持；通过“能源技术研究所”为整机系统提供支持；通过“碳信托基金”为预商业化应用提供支持。此外，还通过海洋能源阵列示范（Marine Energy Array Demonstrator，MEAD）项目为MeyGen潮流能发电场提供了1000万英镑支持。预计到2020年海洋能发电成本由当前的20～50便士/kW·h下降到2020年的10～20便士/kW·h、2050年的5～8便士/kW·h。2020年英国波浪能和潮流能发电装机容量将达到100万～200万kW，2020年海洋可再生能源（包括海上风电）发电能满足全国5%的电力需求，2025年前后实现英国波浪能和潮流能发电装置完全商业化。

韩国由海洋事务和渔业部以及贸易、工业和能源部对海洋能研发及示范提供财政支持，前者通过“实用性海洋能技术发展计划”支持海洋能示范项目，后者通过“新能源及可再生能源技术发展计划”支持海洋能基础研发项目。在2014年提出的韩国新能源和可再生能源规划中，计划将在2015～2025年为海洋能中长期发展提供总额高达7.3亿美元的财政支持，到2020年海洋能发电量将占新能源和可再生能源发电总量的2.4%。

（五）海洋环境安全保障

世界各海洋大国正全方位地建立海洋环境安全保障体系。美国在制定未来海洋发展路线图时，将海洋观测与探测、海洋相关现象预测、基于海洋生态系统的海洋管理列为三大战略任务。欧盟、澳大利亚、日本、韩国等也都推出各自集海洋观测、预测及管理于一体的计划，以保证海上军事活动安全、海洋生态环境安全、海上重大工程安全、海洋气候安全等。

海洋数值预报技术是海洋环境安全保障系统的基础。国际上非常重视全球业务化海洋学预报系统的发展，在持续10年（1998～2008年）的全球海洋资料同化试验（Global Ocean Data Assimilation Experiment,

GODAE）的支持下，极大地促进了海洋资料同化技术和海洋预报系统的发展。国际业务化海洋预见组织（GODAE OceanView）是继全球海洋资料同化试验之后协调和推动全球海洋业务化预报系统发展及合作的国际组织，通过国际合作和共同研究推动业务化海洋学的发展，致力于推动和加强科研成果向业务化运行和实际应用的方向转化。现阶段，以美国和欧洲国家为代表的海洋大国均已发展了全球或区域业务化海洋预报系统。

在海洋空间海洋权益方面，对大陆架的划分和主权的拥有，一直是国际上十分重视和争议激烈的问题。《联合国海洋法公约》规定，沿海国的大陆架包括陆地领土的全部自然延伸，其范围扩展到大陆边缘的海底区域。大陆架上的自然资源主权，归属沿海国所有，但在相邻和相对沿海国间，存有具体划界问题。支撑大陆架划界的大陆边缘研究自 20 世纪 90 年代以来进入新的发展阶段，许多国际和地区科学组织纷纷将大陆边缘研究列入其地球科学的重点发展计划，如国际大陆边缘计划（InterMARGINS）、欧洲大陆边缘计划（EUROMARGINS）、美国大陆边缘计划（USMARGINS）等，这些计划均将大陆边缘的张裂与初始海底扩张、俯冲带机制与流体作用、大陆边缘演化与沉积盆地形成作为优先研究内容。进入 21 世纪，综合大洋钻探计划（Integrated Ocean Drilling Program，IODP）更将大陆边缘研究列为优先研究主题。这些国际重大科技计划强调，在新的技术条件下从观测到模型的综合突破，以期回答不同类型大陆边缘系统动力学机制的重大科学问题，这些不同大陆边缘的地质构造特征和演化研究成果必将对大陆架划界地质理论产生重要影响。

珊瑚礁对于全球变化具有很高的敏感性和脆弱性，同时也是海洋空间和生物资源的重要载体。近几十年来，为评价珊瑚礁的健康状况，世界珊瑚礁国家纷纷实施珊瑚礁生态系统监测计划。例如，美国从 2000 年开始实施珊瑚礁保护计划（Coral Reef Conservation Program，CRCP），其中的国家珊瑚礁监测计划（National Coral Reef Monitoring Plan，NCRMP），搭建了专门的珊瑚礁信息系统（Coral Reef Information System，CoRIS），对 10 余个珊瑚礁区域开展长期监测，以评价珊瑚礁受人类活动和全球气候变化的影响状况。目前，国际上各类关于珊瑚礁生态系统保护和修复的计划较多，如美国国家海洋和大气管理局组织实施的各类珊瑚礁研究计划；由美国国家航空航天局组织实施的亚轨道地球探险任务 -2（Earth Venture Suborbital-2，EV-2）计划，其支持的三年期珊瑚礁机载实验室（COral Reef Airborne Laboratory，CORAL）研究任务将对世界上大部分的珊瑚礁进行首次完整的评价。2005 年，在澳大利亚研究理事会（Australian Research Council，ARC）卓越中心项目的支持下，澳大利亚成立了珊瑚礁研究卓越中心（ARC Centre of Excellence for Coral Reef Studies），该中心引领多国与珊瑚礁相关的研究计划。当前，国际上对珊瑚礁生态系统的修复向生态系统内关键功能生物的综合修复发展，强调生境重现与全功能恢复。

（六）海洋开发装备

世界主要海洋国家针对海洋资源开发装备的研发均推出了相关计划。2013 年 2 月，欧盟在多方合作的基础上，推出了“LeaderShip 2020”海事科技发展政策，并首次提出“欧洲海事科技产业”的概念，该政策涉及的技术领域包括船海新型材料、矿产资源开采系统、自适应海工锚泊系统、先进铺管 / 布缆系统、先进海洋风电场设计等。

日本政府制定了面向 21 世纪的“海洋开发推进计划”，提出加速海洋开发和提高国际竞争力的基本战略，促使日本在深海技术设备方面取得了许多突破性进展。例如，水下技术处于世界领先水平，主要开发了深海取样设备、水中释放器、水下传感器、水下电机等深海矿产资源开采先进产品。

在韩国政府制定的“2010 年造船战略”中，海洋工程项目被明确列入国家重大工程发展之列，主要内容包括：国家将提供专项资金用于海洋油气工程设备等的研制，以及这些海上工程设备制造技术的开发。2009 年初，韩国知识经济部公布了《海底矿物资源开发基本计划》，这是韩国自颁布《海底矿物资源开发法》以来制定并公布的第一个具体推进国内深海大陆架开发项目的综合计划。该计划的实施期间是 2009～2018 年，其主要目的是促进韩国所属大陆架资源的有效合理开发，同时推动韩国深海矿产资源开发装备的研发。

近年来，我国十分重视海洋开发装备的研制，提出了一系列重大科技计划。国家发展和改革委员会、国家能源局发布的《能源技术革命创新行动计划（2016—2030 年）》，针对油气产业，提出要把“非常规油气和深层、深海油气开发技术创新”列为重点任务，重点在深远海复杂海况下的浮式钻井平台工程、水下生产系统工程、海底管道与立管工程、深水流动安全保障与控制、深水钻井技术与装备等方面开展研发与攻关。科学技术部 2017 年国家重点研发计划“深海关键技术与装备”专项紧密围绕海洋高新技术及产业化的需求，重点突破全海深潜水器研制，形成 1000～7000m 级潜水器作业应用能力，为走进和认识深海提供装备；大力推进研制深远海油气及天然气水合物资源勘探开发装备，促进海洋油气工程装备产业化，为我国深海资源开发利用提供科技支撑。

第二节　海洋工程科技发展图景

2035 年，探索、开发、利用和保护海洋已成为全球发展的新热点，海洋立体观测及预警预报能力得到极大提升，为海上活动全球到达和权益保障提供精准信息服务。以深远海为目标的海洋监测勘探活动日益活跃，以海洋战略性资源开发为主体的“蓝色工业文明”初步形成。

一、星－空－海、水面－水中－海底智能组网，天地一体化、可视化海洋环境立体监测态势形成

2035 年，海洋立体观测及预警预报能力将得到极大提升，研发以“星－空－海、水面－水中－海底智能组网”为代表的海洋多源监测技术

和信息互联互通的智慧海洋系统，为海上活动全球到达和权益保障提供精准信息服务，实现全球海洋的透明化。海洋卫星呈体系化发展，实现全球海洋环境的长期连续观测，认知海洋对全球气候变化的响应和反馈机制；实现海洋时空无缝监测，有效应对各种海上灾害和突发事件的实时监测需求。海面、海洋内部、海底观测呈网络化发展，传感器及探测装备趋向小型化和智能化，观测信息互联互通并覆盖全球。结合超级计算机技术和先进的海洋数值预报系统，建立超高分辨率的无缝海洋数值预报体系，实现全球海洋环境和灾害的预警报，使预报精度达到天气预报的水平。通过信息智能服务系统，实现海洋信息产业化，并全面保障海洋安全和海洋开发活动。

二、深海矿产资源逐渐实现商业化开发，海底资源在国民经济发展中得到广泛应用

2035 年，全球将出现多家国际一流的深海矿业集团公司，专门从事与深海矿产资源开发利用相关的业务。这些公司的业务将覆盖海底矿产资源勘探开发的全产业链，包括海底资源勘探、开发、环境评价、矿石选冶以及装备技术服务等。海底资源勘查开发工程技术也发展成熟，各家矿业集团公司在海底建有现代化的采矿场和粗加工工厂，粗加工后的矿产经封闭的海底管线快速环保地输运至陆地进行精细加工和分选冶炼，以满足社会经济发展对矿产的迫切需要。

三、海洋生物资源获得全方位应用，海洋生物工程开发产业快速发展

近年对深海的勘查结果显示，栖息于 200～2000m 水层的中层鱼类资源量比以前的估计可能高出十至几十个量级，可达几十亿吨，开发潜力巨大。随着科技的进步，海洋新资源开发的时代已经来临。海洋生物资源将成为抗击疾病的重要原材料，科学家通过对多种海洋动物、植物和微生物进行研究，分离出数千种活性化合物，可在抗癌、抗病毒、抗放射性、抗

衰老、抗心血管病方面具有特殊的疗效。对深海极端生命的功能基因探索，极有可能改变人类对生命的认识，并向更深、更广、更极端的方向拓展可利用资源。以海洋生物为材料，利用生物工程技术、材料工程技术等开发的新型海洋生物功能材料将在医疗、食品、轻工业、能源等领域得到推广应用，相应的新兴产业也将广泛建立。

四、海水淡化和海洋能实现规模化应用，形成完善的海水和海洋能开发利用产业体系

节约能源、降低成本、绿色发展是海水资源利用技术和产业发展的共同趋势。2035 年，人们将在沿海地区或毗邻大陆的海岛建立大型海水淡化厂，向沿海城市或城市群供水，解决沿海水资源紧缺问题，为海岛开发利用提供淡水资源保障；以太阳能、风能、潮汐能等新能源为驱动的海水淡化工程在沿海和海岛地区得到大规模推广应用；从海水中提取的化学资源将成为化工行业的主要原料来源之一，海洋化工产品日益丰富。以海水淡化、海水直接利用和海水化学资源利用为核心的海水利用产业发展体系正在形成。

到 2035 年，国际海洋能技术将完全实现商业化，海洋能发电产业将包括装备制造、海上运维、海洋能电力等多种形态。例如，预计到 2020 年，欧盟海洋能（不包括海上风电）装机容量将达到 360 万 kW，在 2035 年海上发电预计饱和的情况下，到 2050 年海洋能装机容量将高达 18 800 万 kW，创造 47 万多个就业岗位，年减少二氧化碳排放近 1.5 亿 t，带动投资 4.5 万亿元。根据国际能源署海洋能源系统实施协议（IEA OES-IA）发布的“国际海洋能展望”，到 2050 年，全球海洋能装机容量有望达到 33 700 万 kW，将会创造 120 万个直接就业岗位，年减少约 10 亿 t 二氧化碳排放。

五、海洋开发装备更加集成化、绿色化、智能化，并由生产制造向服务型制造转变

随着全球社会经济发展对资源和能源需求的不断提高，以及海洋开发

装备领域技术的持续进步，未来世界范围内将全面开展针对海洋矿产资源、海洋可再生能源、海洋化学资源、海洋生物资源和海洋空间资源五大资源开发利用相关装备的研制。新装备和新技术将不断涌现，成为新的发展热点。未来，海洋开发装备制造会更加注重高效节能环保，信息化与先进制造技术自上而下的整合，实现投入更少、控制性更强、产出废物更少、更加完善的处理能力和数据存储能力。同时，随着海洋开发装备制造与互联网、通信、计算机等信息化手段以及现代管理思想和方法的融合，未来海洋开发装备制造业将由生产制造转变为服务型制造。

第十章
面向2035年的中国海洋工程科技发展需求和现状

第一节　面向2035年的中国发展愿景对海洋工程科技的需求

习近平总书记在十九大报告中指出，从二〇二〇年到二〇三五年，在全面建成小康社会的基础上，再奋斗十五年，基本实现社会主义现代化。到那时，我国经济实力、科技实力将大幅跃升，跻身创新型国家前列。因此，我们要努力建设世界科技强国和现代化经济体系，成为更加开放的中国、智能化的中国、可持续发展的中国、和谐健康的中国和安全的中国。我国社会经济的不断发展对海洋工程科技的需求主要聚焦于三大方面：促进海洋经济发展、海洋生态文明建设、深度参与全球海洋治理。因此，面向2035年的中国海洋工程科技建设需要立足全球视野，围绕更加和谐安全、可持续发展的海洋强国建设展开。

2035年，中国海洋工程科技发展愿景主要表现在以下几个方面。

（1）具备海洋工程科技强国的基础实力，深度参与全球海洋治理。海洋是人类可持续发展的战略资源宝库，蕴藏着丰富的资源，同时也是物资运输与国际交往的大通道。进入 21 世纪以来，以争夺海洋资源、控制海洋空间、抢占海洋科技制高点为特征的国际海洋权益斗争日益激烈。当前，我国经济发展对海洋资源、空间的依赖程度大幅提高，海洋经济已成为拉动我国国民经济发展的有力引擎。随着国际政治外交形势的风云变化，我国海洋权益面临着错综复杂的形势，我国一贯主张维护海洋和平，以“和谐海洋”为愿景，坚持和平走向海洋、平衡发展、不谋求海洋霸权，建设“强而不霸”的新型海洋强国。在强有力的海洋工程科技的支撑下，我国将深度参与全球海洋治理，组织开展国际海洋合作计划，在全球海洋资源分配、开发利用及海洋规则制定等涉海国际事务中有重要话语权，为进一步全方位构建海洋强国体系夯实基础。

（2）建立全球海洋安全保障体系，使我国具备全方位保障各种海上活动和大型涉海工程顺利实施的能力。海洋安全包括国家统一安全、岛礁和领海主权安全、海洋通道安全、海洋开发安全、海洋生态环境安全等。作为一个海洋大国，我国拥有约 18 000km 的海岸线，同时我国沿海的海洋灾害频发。《2017 年中国海洋灾害公报》显示，我国因风暴潮、海浪、海冰和赤潮等海洋灾害造成的直接经济损失年均为 114 亿元。随着近年来海上丝绸之路建设的展开，我国亟须建立全球海洋安全保障体系，形成对全球海洋快速覆盖的预警预报能力以及关键海区立体的连续监测能力，建成保障国家安全和战略利益的技术体系及海洋信息精准服务产业，为我国走向海洋强国和建设海洋强国奠定基础。

（3）获得合理的海洋空间资源，海洋经济和产业规模大幅提升。在我国经济面临转型挑战、结构调整时，潜力无限却仍未充分开发的海洋资源无疑将成为未来我国经济发展的新增长点。2035 年，我国海底矿产和海洋生物资源的勘查与开发能力将覆盖深海及远洋，建成海底矿床精细勘探技术体系，完成 1000m 级深海集矿、输送等技术的海上试验与实际应用，建立海底矿产资源和天然气水合物勘探开发技术的应用示范，实现深远海与极地海洋生物资源的商业开发和利用；海水资源和海洋能综合利用初步形成产业化，具备初步的“蓝色经济”产业规模，海水资源和海洋能综合利用技术达到世界先进水平。同时，围绕“创新、协调、绿色、开放、共享”的发展理念，具备海洋绿色开发及可持续发展的海洋生态环境保护能力和海洋管理工程技术，实现海洋资源的科学、有序、可持续开发。

（4）海洋开发装备技术自主化，逐步成为技术引领者和标准制定者。工欲善其事，必先利其器。快速发展的远洋贸易、海洋资源开发和海洋经济活动，对相应的海洋开发装备提出了更高要求，可以说海洋开发装备的兴起是我国建设海洋强国的必要条件。我国的海洋开发装备技术需要向高端化、高可靠、智能化方向发展，大幅提升海洋开发装备研制水平，成为行业技术引领者和标准制定者；需要掌握高端海洋开发装备核心技术，为海洋环境立体观测及各种海洋勘查和开发活动等提供现代化装备。

第二节 中国海洋工程科技发展现状及存在问题

在国家的大力支持下，我国海洋工程科技已经有了长足进步，部分技术已经实现并跑甚至领跑，尤其是经过近五年的砥砺奋进，我国在蛟龙探海、南海岛礁建设、海上维权、“一带一路”建设等方面都取得了创新性的显著进展，目前正进入加快建设海洋强国的时期。同时，面向2035年的海洋发展愿景及2050年的海洋强国目标，我国海洋工程科技还存在很多不足，需要充分发挥国家战略牵引和市场力量及企业的创新主体作用，开展海洋工程科技攻关，实现我国海洋工程科技的弯道超车和系统跨越。

一、海洋环境立体观测技术与装备

海洋环境立体观测技术与装备是指用于研究海洋环境动态变化的设备和技术，包括卫星和飞机、水面调查观测船、水面锚系浮标、水下潜标、漂流浮标、水下移动观测平台、海底观测平台、岸基台站观测等平台及其传感器系统和数据传输网络等；用于实现海洋环境立体观测，实时或准实时获取各种海洋环境信息。

（一）卫星遥感海面监测技术与装备

截至 2018 年 12 月，我国已成功发射海洋一号 A、B、C 卫星，海洋二号 A、B 卫星和海洋三号首颗星 GF-3（高分三号卫星）等多颗卫星，初步形成了海洋水色卫星、海洋动力环境卫星和海洋监视监测卫星三个海洋卫星系列，其后续卫星也列入空间基础设施规划。对于下一代新型海洋遥感卫星，我国部署了海洋盐度探测卫星计划，以及基于激光雷达的生态环境监测卫星和空间站的激光雷达系统。同时，静止轨道水色观测卫星也列入空间基础设施规划，将于“十四五”（2021～2025 年）发射。成像雷达高度计也已列入我国空间观测规划，并在 2016 年 10 月搭载天宫二号完成原理验证，将在“十四五”发射的新一代海洋二号卫星中装载。总的来说，目前全球空间基础设施已经进入体系化发展和全球化服务的新阶段，卫星遥感向地球整体观测和多星组网观测发展，逐步形成立体、多维、高中低分辨率结合的全球综合观测能力。我国 2015 年发布的《国家民用空间基础设施中长期发展规划（2015—2025 年）》中，规划了陆地观测、海洋观测、大气观测三个系列，将构建由七个星座及三类专题卫星组成的遥感卫星系统，逐步形成低、中、高空间分辨率合理配置和多种观测技术优化组合的综合高效全球海洋观测与数据获取能力（国家发展和改革委员会等，2015）。

然而，目前我国海洋卫星遥感器部分关键元器件主要来自国外，国产设备使用率较低。同时，遥感机理等基础研究开展较晚，自主创新技术掌握不足。与国外先进技术相比，我国可用于海洋环境立体监测的卫星资源仍相对较少。此外，对我国已有的卫星资源和监测能力仍缺乏有效整合利用，在多星资源协同反演、深层数据产品挖掘、信息共享、数据服务能力等方面还有较大的提升空间。这些问题，在目前经济社会发展对空间信息尤其是海洋信息资源需求日益迫切的情况下，显得尤为突出。

（二）海洋立体观测网建设

《全国海洋观测网规划（2014—2020 年）》提出，到 2020 年，我国将建成以国家基本观测网为骨干、地方基本观测网和其他行业专业观测网为补充的海洋综合观测网络，覆盖范围由近岸向近海和中、远海拓展，由水面向水下和海底延伸，实现岸基观测、离岸观测、大洋和极地观测的有机结合，初步形成海洋环境立体观测能力；建立与完善海洋观测网综合保障体系和数据资源共享机制，进一步提升海洋观测网运行管理与服务水平；基本满足海洋防灾减灾、海洋经济发展、海洋综合管理、海洋领域应对气候变化、海洋环境保护、海洋权益维护等方面的需求（国家海洋局，2014）。

在科学技术部国家高技术研究发展计划（863计划）、科学技术部国家重点研发计划、国家自然科学基金委员会国家重大科研仪器设备研制项目和相关课题的支持下，我国突破了一系列海洋测量传感器技术，并达到国际前沿水平，海洋传感器技术研发能力得到显著提高，部分传感器已经在海洋动力环境参数获取与生态监测、海底环境调查与资源探查等方面发挥重要作用，与国际先进水平的差距正在缩小，有的已达到甚至代表国际先进水平。

在观测平台技术方面，我国大型浮标平台研究已有近60年的积累，具有成熟的技术基础；我国在潜标和海床基观测方面也进行了较多的研究，实现了潜标数据的实时传输；在移动观测平台方面，我国水下、水面和空中无人航行器等移动观测平台发展迅猛，有效载荷和续航能力不断提高，技术上有较大突破，呈现多样化发展，种类基本与国际保持一致，大幅缩小了与发达国家的差距。然而，目前研制产品的可靠性和智能化程度仍有待提高。

（三）组网和通信技术

我国短波通信技术已基本成熟，但国内尚没有适用于海上观测浮标的成熟短波离岸数据传输技术或产品，应用于海洋组网领域还有待探索。在卫星通信组网方面，北斗卫星通信技术近年发展比较快速，随着北斗导航系统的逐步完善和应用推广的加强，基于北斗卫星通信的海上实时传输终端已经成熟；在水下光纤通信方面相对较为成熟，已得到示范应用；在水声通信方面取得了大量的理论研究成果，多家单位研制了水声通信机，水声通信系统也首次在7000m深度实现了实时通信，基于水声通信的水下无线传感器网络方面的研究则刚刚起步，开展了一些研究与试验工作，试验结果和国外水平相当；在无线光通信方面，蓝绿光通信技术已经开展了若干次海上试验，取得了阶段性的突破，目前正进入工程化研制阶段。但与国外的研究成果相比，国内的水下光通信系统无论是在通信速率上，还是在通信距离上均有待提高。

二、海底资源勘查及开发

20世纪80年代起，我国已开始在国际海底区域开展系统的多金属结核资源勘查活动，在1991年成为世界上第五个先驱投资者，并于2001年在东太平洋拥有7.5万km^2的多金属结核勘探合同区。基于“持续开展深海勘查，大力发展深海技术，适时建立深海产业”的国家方针，我国多金属结核、富钴结壳、热液硫化物及天然气水合物等多种海底资源的开发已进入综合勘探研究阶段。

当前，除了最早投入使用的大洋一号，我国已经拥有多艘具有国际先进水平的大洋综合资源调查船，海底资源勘查开发技术也取得了快速发展。例如，多次取芯富钴结壳浅钻和多金属硫化物中深钻机，采用岩芯内管插拔更换式多次取芯技术，成功实现了一次下水多次取芯功能。2009年的环球调查中，我国在东太平洋海隆“鸟巢”热液区首次使用水下机器人海龙二号观察到罕见的巨大黑烟囱，并用机械手准确抓获约7kg硫化物烟囱体样品。此外，结合863计划，成功研发了6000m自治水下机器人CR-01和4500m级自治水下机器人潜龙二号，以及深海下潜深度达7000m的蛟龙号载人深潜潜水器，在海底资源勘查中都得到了富有成效的应用。目前，根据资源勘查阶段任务和对不同种类资源调查研究的需求，我国已经自主研发了一系列重要的深海勘探调查设备，如深拖、深海浅钻、电视抓斗、瞬变电磁法探测仪等，提高了我国海底资源调查研究能力。

在海底矿产资源开发技术方面，我国自“八五”开始启动深海固体矿产资源开采技术研究，以深海多金属结核开采为研究对象，对水力式和复合式两种集矿方式以及水气提升和气力提升两种扬矿方式进行了试验研究，取得了集矿与扬矿机理、工艺和参数的一系列研究成果与经验。“九五”期间，我国经进一步技术改进与完善，确立了具有自主知识产权的大洋多金属结核采矿中试（1∶10）系统技术方案，并完成了部分子系统的设计与研制，研制了履带式行走、水力复合式集矿的海底集矿机，并于 2001 年完成了采矿系统 135m 水深试验，研制了两级高比转速深潜模型泵，采用虚拟样机技术对 1000m 海试系统动力学特性进行了较为系统的分析。同时，针对富钴结壳采集关键技术及模型机，进行了截齿螺旋滚筒切削破碎、振动掘削破碎、机械水力复合式破碎三种采集方法试验研究和履带式、轮式、步行式、水下机器人（remote operated vehicle，ROV）式四种行走方式的仿真研究，为国际海底新资源采矿系统开发奠定了基础。

尽管我国海底资源勘查开发技术取得了长足发展，但与世界先进水平相比，仍存在较大差距。例如，关键技术自给率低，主要的海洋勘探仪器装备依赖进口的局面没有得到根本性的改变；高端勘查装备缺乏，深海采矿技术基础薄弱，不足以支撑商业化开采。目前，自主研发的探测技术与设备尚不能满足海底多金属矿床的精细勘探要求，仍需大力发展近海底三维勘查技术，以及大范围、高分辨率深海物探和水下自主探测系统，并建立海底矿产资源综合评价和绿色开采技术体系。

海底资源勘探开发最终需要进入矿产和能源消费领域，涉及海底资源勘查、开发、生产、环境评价以及气体和矿产外输等重大问题。在此方面，我国距离产业化和商业化还有很大差距，对工程科技的需求包括关键技术突破、装备研发和工程应用示范三个方面，需要形成海底多金属矿床找矿预测与评价技术体系、海底矿床高精度勘探技术体系、深海矿产资源开发能力、海洋天然气水合物勘探评价和开采技术体系、深海环境生态观测技术体系等，并依托关键技术突破，研发具有自主知识产权、高效和精确的海底资源勘探、开发及环境评价技术体系，逐步提升装备研发能力水平，实现装备及技术输出，最终在海底资源勘查开发方面形成产能，引领和带动商业化的勘探开发。

三、海洋生物资源勘查及开发

海洋生物资源是一种可持续利用的再生性资源，包括群体资源、遗传资源和产物资源。群体资源是指具有一定数量且聚集成群的生物群体及个体，是人类采捕的对象；遗传资源是指具有遗传特征的海洋生物分子、细胞、个体等材料，可供增养殖开发利用；产物资源是指海洋动植物和微生物的生物组织及其代谢产物，开发利用为医药、食品和化工材料的潜力巨大。

海洋生物种类繁多，生物资源开发和利用的潜力巨大。经科研人员多年来的努力，我国已逐渐缩小在装备技术及开发技术上与世界先进水平的差距，并形成了显著的成果，奠定了工程与科技发展的基础，形成了初步的技术体系。

目前，海洋生物群体资源开发的热点为远洋与极地渔业。我国远洋渔业经过多年发展，已成为我国“走出去”战略的重要组成部分。“十五”到“十二五”期间，通过863计划、农业部远洋公海渔业资源探捕项目等，突破了大洋渔场环境信息采集和渔场速报技术，基本掌握了部分海域的金枪鱼、竹荚鱼、柔鱼类等主要大洋性渔业资源的分布及与环境的关系，并实现了商业性开发。但是由于起步较晚，与世界先进渔业国家和地区仍有较大差距：一是渔场资源探测监测技术和数据积累薄弱，资源掌控与新资源探查能力不足；二是渔业装备技术水平低、研发能力不足，渔业生产竞争力明显落后。在极地渔业方面，我国仅于近年才进入南极磷虾渔业，生产渔船均为略经适航改造的传统拖网船，在南极磷虾捕捞和船载加工方面与挪威、日本等渔业发达国家存在明显差距。

我国对海洋生物天然产物资源的系统研究始于20世纪80年代末期，自“十五”期间在863计划中设立海洋天然产物专题开始，我国海洋天然产物化学研究进入一个快速发展时期，在基础和应用方面的研究均取得了长足进步，呈现良好的发展趋势。2005～2015年，我国海洋天然产物化学研究的对象扩展到了广西北部湾和西沙、南沙等海域并逐步向公海、深海延伸。近年来，我国科学家从海洋生物中发现了大量结构新颖和类型多样的海洋新天然化合物，引起国际关注。但是目前大多数海洋活性天然产物含量低微，难以进行后续深入的产业化开发。因此，海洋产物资源的规模化制备及其系统评价技术将成为我国海洋产物资源产业技术发展的突破点。

“十三五”期间，我国将以大洋一号、海洋六号、向阳红 01、向阳红 03、向阳红 10 等科考船为平台，开展涉及太平洋、大西洋和印度洋等多个大洋的区域调查，围绕大洋多金属结核区深海生物群落与环境、海山生态系统及洋中脊热液区生物群落与环境等深远海典型生态系统，推进我国大洋深海生态环境调查和研究。加快推动蛟龙号载人深潜器的试验性应用，以及多款水下机器人的投入和使用，使我国的大洋深海生态环境调查与研究实现长足的进步。

四、海水资源和海洋能综合利用

海水不仅是宝贵的水资源，而且蕴藏着丰富的化学资源，加强对海水资源的开发利用是解决沿海地区淡水危机和资源短缺问题的重要措施。除此之外，海洋还拥有巨量的海上风能、潮汐能、波浪能、海流能、温差能、盐差能等可再生清洁能源。因此，发展海水资源和海洋能综合利用技术是实现国民经济可持续发展战略的重要保证。

（一）海水资源开发利用技术

我国人口众多，社会经济发展速度较快，但淡水资源非常有限，已成为现阶段制约我国社会经济可持续发展的最大瓶颈。向海洋要淡水，既是解决我国水资源短缺的战略选择，也是建设海洋强国的现实需要。对海水资源的开发利用，一是将海水进行脱盐处理，生产出可利用的淡水；二是将海水直接用于工业冷却水或大生活用水等，置换出更多的淡水资源用于生活饮用；三是将海水中溶解的盐分离出来，满足化学资源和产品需求。前两者是当前海水资源的主要利用方式，但随着陆地上矿产资源的日益匮乏，后者也正在加速兴起。

目前，我国已在海水淡化技术领域取得了重大突破，正逐步走向产业化应用。海水淡化主要采用反渗透和低温多效蒸馏两大工艺技术，淡化水主要用于海岛军民生活用水和沿海大型工业企业生产用水，综合产水成本为 5～8 元 /t。通过近半个世纪的科技攻关和应用实践，我国已成功掌握了膜法海水淡化的核心关键技术，能自主设计建造万吨级规模的反渗透单机装置和数十万吨级的海水淡化工程。例如，我国自主设计建造了舟山六横日产 10 万 t 级膜法海水淡化示范工程和唐山曹妃甸 5 万 t/d 反渗透海水淡化工程，以及神华国华（舟山）发电有限责任公司 1.2 万 t/d 和宝钢广东湛江钢铁基地 1.5 万 t/d 低温多效海水淡化工程，并相继实现了反渗透海水淡化膜、高压泵、能量回收装置、蒸汽喷射泵等一批国产化关键设备的示范应用。截至 2017 年底，我国已建成海水淡化工程 136 项，设计总产水量为 118.91 万 t/d，最大海水淡化工程规模为 20 万 t/d①。我国海水淡化技术与装备已逐步向国际市场拓展，先后在印度尼西亚、沙特阿拉伯、菲律宾、伊朗、越南、巴基斯坦、委内瑞拉等十余个国家和地区承建海水淡化工程或提供成套海水淡化装备。

目前，我国在海水直接利用方面的海水利用工程设计和应用技术已与国际先进水平接轨。海水冷却技术已在我国沿海火电、核电、石化等行业得到广泛应用，年利用海水量稳步增长。截至 2017 年底，年利用海水作为冷却水量为 1344.85 亿 t，其中 2017 年新增用量为 143.49 亿 t①。在海水化学资源利用方面，除海水制盐外，我国在海水提钾、提镁、提溴等方面也发展较快，产品主要包括溴素、氯化钾、氯化镁、硫酸镁等。此外，对于深层海水的开发利用，我国已开始在此领域开展相关研究工作。

虽然我国在海水利用技术创新和工程化应用等方面已取得了较大进展，但与美国、日本、欧洲等发达国家和地区相比，还有一定差距。我国海水利用起步较晚，存在技术基础薄弱、原创性技术少、产品系列化程度不足、产业技术标准缺乏等问题。目前，部分高端材料和关键设备仍需从国外进口（如反渗透膜元件、高压泵、能量回收装置、蒸发器、蒸汽喷射

---

① 《2017 年全国海水利用报告》发布 . http://www.gov.cn/xinwen/2018-12/25/content_5352004.htm [2019-11-14].

泵等），设备投资成本相对较高。我国自主研制的一些海水利用关键部件和设备在总体性能、运行稳定性等方面不及进口同类产品，目前大多处于工程示范与验证阶段。海水利用产业化体系尚未形成。

（二）海洋能开发利用技术

海洋能具有开发潜力大、可持续利用、绿色清洁等优势，对于减缓气候变化、保障能源安全、发展新兴产业等具有重大战略意义。随着我国沿海地区资源环境压力的持续增大，开发利用海洋能对于促进我国沿海及海岛经济社会发展、保障深远海开发等具有重要的现实意义。相对于传统能源，海洋能的能量密度不高、稳定性较差，开发利用难度较大。

近年来，在科学技术部、财政部、国家海洋局[①]等部门的大力支持下，我国潮汐能、潮流能、波浪能技术研发及示范取得了突破性进展，自主研发的 50 余个海洋能新装置中，已有多个装置进行了实海况验证并完成了长期示范运行，部分技术达到国际先进水平。

（1）在潮汐能开发利用技术方面，我国低水头潮汐能技术处于国际先进水平，开展了动态潮汐能、海湾潮差利用等新技术研究，完成了多个万千瓦级潮汐电站预可行性研究项目，装机 4.1MW 的江厦潮汐试验电站和 250kW 的海山潮汐电站已稳定运行多年，为建设万千瓦级潮汐电站积累了重要的工程经验（国家海洋技术中心，2018）。

（2）在潮流能开发利用技术方面，我国在 300kW 级水平轴及垂直轴潮流能技术上取得了重要突破，装机 1MW 的杭州株东新能源科技股份有限公司模块化潮流能发电机组（LHD）海上并网超过两年，装机 60～650kW 的浙江大学半直驱式潮流能系列化发电机组累计发电超过 100 万 kW · h，我国已成为世界上为数不多的掌握规模化开发利用潮流能技术的国家之一。

（3）在波浪能开发利用技术方面，针对我国波浪能资源特点，开展了多个小功率装置研发及示范，装机 200kW 的中国科学院广州能源研究所鹰式波浪能发电装置完成长期海试，已开始在南海海域开展并网测试及海

① 2018 年 3 月，国务院机构改革将国家海洋局的职责整合，组建自然资源部。

岛供电示范（国家海洋技术中心，2018）。

尽管我国部分海洋能技术取得了较好的应用效果，但总体上开发利用规模较小，推广应用能力不足，示范装置的海上抗风险能力还有待检验。与国际先进技术相比，我国海洋能开发利用存在的差距主要体现在基础研究相对不足、示范应用规模较小、公共服务平台建设滞后等方面。

五、海洋环境安全保障

海洋环境安全是指海洋自然环境、资源开发环境、维权保障环境等的安全，是国家安全保障体系的重要组成部分。全方位的海洋环境安全保障，已经从传统动力安全向生态环境安全、资源开发作业安全和海洋空间权益拓展等海洋环境大安全方面发展。随着社会的发展，海洋作为支撑人类社会可持续发展的战略空间越来越重要，要更合理有效地利用海洋，就需要发展快速高效的海洋安全保障技术。现阶段，我国海洋环境安全保障能力与海洋防灾减灾、海洋经济发展、海上丝绸之路建设、应对气候变化等领域的广泛需求之间仍然存在较大差距。

海洋环境预报为人类海上活动提供防灾减灾服务与保障。目前，我国海洋环境预报技术的发展在精细化程度和准确度方面不断提高，自主研发能力不断进步。高分辨率海洋环流模型是认识和预报海洋多尺度动力过程与海洋环境的主要手段之一。国内自主研发的海洋环流模式，总体水平和数量相对国外主流模式存在较大差距，其中较有影响的海洋模式有中国科学院大气物理研究所大气科学和地球流体力学数值模拟国家重点实验室（LASG）发展的多层海洋环流模式以及中国海洋大学发展的三维 Lagrange 浅海流体动力学模型。目前，我国已经实现了海洋环境数值预报的综合业务能力，建立了覆盖范围从全球—区域大洋—中国近海—近岸逐级嵌套的全球业务化海洋预报系统。我国的海浪模式研发能力处于世界先进水平，在“七五”、“八五”及“九五”的科技攻关计划中进行了海浪数值预报模式的研制。“十五”和“十一五”期间，我国第三代海浪数值模式（MASNUM）基于特征线嵌入和改进原函数，发展了全球海浪模式，在并行方面更是走在了世界前列，已经开展了13余万核的并行测试。“十二五”期间，基于台风模型研发的西北太平洋和中国近海高分辨率台风浪数值预报系统，除了考虑深水和浅水中海浪的主要物理过程，在近岸重点区域还考虑了近岸浪-天文潮-风暴潮耦合，并且引入数据同化方法，建立了基于海洋二号卫星高度计有效波高数据的业务化海浪同化技术，并应用于全球和区域海浪的业务化预报，在提供有效波高、周期、波向等预报要素的基础上，拓展了波陡、畸形波、危险海况等预报技术及预报产品。我国海洋生态动力学数值模拟的研究取得了一定成果，但大多数研究只停留在资料分析、概念研究及个例模拟阶段。由于观测资料缺乏和对生态过程认识不足，还未能建立起全面覆盖渤海、黄海、东海、南海等中国近海的长期连续的业务化生态模式，需要进一步加强对海洋物理、化学、生态因子的全方位多手段的观测和监视。同时，需深入研究特定海域的生态系统关键过程，建立并形成有效的海洋生态数值预报系统，为我国海上生产活动和海洋资源的可持续发展服务。

总体来说，在国家科技计划的持续支持下，我国海洋环境安全保障技术水平取得了长足进步，但仍较为薄弱。我国海洋观（监）测系统核心装备主要依赖进口，海洋环境预报模式主要依赖国外，海洋环境灾害及突发事件应急科技支撑能力薄弱，国家海洋安全保障平台尚属空白，与建设海洋强国和“一带一路”倡议的国家需求不相适应。“十三五”规划中，科学技术部设立了“海洋环境安全保障”重点专项，其主要目标如下：构建较为完备的海洋环境立体监测技术装备研发、检测、产品化与业务化应用技术体系，扭转海洋高技术仪器装备几乎全部依赖进口的不利局面，业务化系统所使用的高技术仪器装备自给能力提升至50%以上；发展全球10km分辨率（丝绸之路海域4km分辨率）海洋环境预报模式，实现业务化运行，提供多用户预报产品，支持建设海洋强国和“一带一路”倡议的实施；构建国家海洋环境安全平台技术体系，实现平台业务试运行，支撑风暴潮、绿潮、溢油等重大海洋灾害与突发环境事件的应急响应，大幅提升国家海洋环境安全保障能力。

六、海洋开发装备

海洋开发装备包括与进入海洋、海洋探测、海洋开发、海洋保护相关的各类运输和作业装备，是认知海洋、开发海洋、利用海洋、维护海洋权益的基础和保障。20 世纪 50 年代以来，我国在海洋装备方面不断加强研发投入和生产建设力度，海洋装备的整体实力和发展水平有了较大提升，有力地保障了国家海洋安全，促进了海洋经济快速发展，支撑了国民经济的稳定增长。

目前，我国海洋开发装备以海洋油气资源开发装备为主，其技术和市场相对成熟，装备种类齐全，数量规模较大，仍是产业发展的主要方向。此外，随着天然气水合物、海底金属矿产资源开发技术，海上风能等海洋可再生能源开发技术，以及海水淡化和综合利用技术等海洋化学资源开发技术的不断成熟，此类开发装备也呈现出良好的发展前景。

在海洋油气资源开发方面，油气资源开发装备与技术体系不断完善。在 300m 水深以内的海洋油气资源开发工程装备领域，截至 2019 年 6 月，我国已建成固定平台近 300 座、浮式生产储运装置 13 艘，具备固定式平台、自升式平台、半潜式平台、浮式生产储卸油装置（FPSO）总装建造能力，形成了比较完整的产业链，具备 300m 水深以内常规油气田勘探、开发、钻完井、工程设计与建设、油气田运营维保能力，并在国际上具有较高的竞争力和影响力。我国深水油气工程技术装备起步于“十一五”，先后建成了以海洋石油 981、海洋石油 201、振华 30 为代表的大型深水海洋工程装备，目前处于发展阶段。

在海洋矿产资源开发装备方面，自 20 世纪 90 年代初，我国针对海底多金属结核、富钴结壳、多金属硫化物、天然气水合物等深海固体矿产资源的开采技术进行了不同程度的研究。经过多年的研究对比，我国确定了较为理想的深海采矿系统，即“海底履带自行水力集矿机采集 - 水力管道矿浆泵提升 - 海面采矿船支持”的深海采矿系统。“十五”期间，我国深海采矿研究开始从浅水步入深水。2016 年我国完成输送系统的海上试验，验证了管道和泵的粗颗粒输送性能；2018 年完成 500m 水深的多金属结核集矿系统试验，缩小了我国与美国在深海多金属结核采矿技术方面的差距。在天然气水合物开采技术研究方面，2017年我国在南海北部神狐海域进行的可燃冰试采获得成功，这也标志着我国成为全球第一个实现海域可燃冰试开采中获得连续稳定产气的国家，也标志着我国在这一领域的综合实力达到世界顶尖水平。

目前，我国在海洋开发装备方面存在的问题主要如下：高端装备技术自主创新能力不强；高端产品市场竞争能力有待提升；装备制造模式仍有待推进完善；装备系统集成总包能力有待提升等。具体来说，我国南海油气开发集中在浅海（1000m以内的海域），500m以内油气开采装备可实现国产化，但是500m以上水深的水下油气生产设备被国外企业垄断。在深海矿产资源开采装备方面，我国深海固体矿产资源开采装备技术的研究与发展，不论与目前先进工业国家的水平，还是未来商业开采的要求相比都存在很大差距。此外，我国对深海固体矿产资源开采技术装备的共性、基础性关键技术的研究较少，配套能力较差。

第十一章
海洋工程科技技术预见分析

工程科技是与经济社会联系最紧密、作用最直接、效果最明显的科学技术。工程科技的发展具有较强的可预见性、可规划性和可引导性。技术预见是一种将技术发展放在社会经济大系统中，对未来较长时期技术发展趋势进行预测与选择的研究方法。技术预见活动是面向 2035 年的中长期发展战略研究中提出前瞻性技术发展方向的一个重要途径。通过将技术预见与需求分析、战略研究相结合，可进一步提高战略研究的前瞻性、系统性和科学性。

在“中国工程科技 2035 发展战略研究”项目进程中，中国工程院采用了新的技术预见方法，如德尔菲法和社会经济需求分析等，开展大规模的技术预见活动，即将技术发展放在社会经济大系统中，对未来较长时期（2035 年）我国技术发展趋势进行预测与选择。海洋领域课题组的技术预见工作将大群体专家技术预见的问卷调查活动与中国工程院和国家自然科学基金委员会的院士专家研判相结合，通过广泛调研、愿景分析、德尔菲法等多种手段，提出面向 2035 年的我国海洋工程科技的关键技术和重点发展方向。

第一节　技术预见调查问卷统计分析

一、问卷调查情况

根据“中国工程科技 2035 发展战略研究”项目总体组和技术预见组的工作安排，海洋领域课题组通过召开专家研讨会议、通信研讨，以及多轮筛选和凝练等工作流程，征集并形成备选技术清单，面向大群体专家，进行了两轮技术预见问卷调查工作。

（1）2015 年 8～9 月第一轮备选技术清单：海洋领域第一轮问卷调查，邀请人数 937 人，填报人数 375 人，专家参与度为 40.02%。共回收问卷 2561 份，平均每项技术约有 40 位专家作答。

（2）2016 年 5～7 月第二轮备选技术清单：海洋领域第二轮问卷调查扩大了专家范围，邀请人数 1172 人，填报人数 402 人，参与人数明显高于第一轮调查，专家参与度为 34.30%。共回收问卷 2591 份，平均每项技术约有 41 位专家作答，具有较高的专家参与度和技术项平均回收问卷数（表 11-1）。

表 11-1　海洋领域两轮技术预见调查结果

轮次	邀请人数 / 人	填报人数 / 人	参与度 /%	问卷数 / 份	技术项平均问卷数 / 份
第一轮海洋领域	937	375	40.02	2561	40
第二轮海洋领域	1172	402	34.30	2591	41

研究进行了两轮德尔菲法问卷调查，并拉长了两轮调查的间隔，即在第一轮德尔菲法调查之后，结合技术预见调查结果与需求分析结果，海洋领域课题组按照“中国工程科技 2035 发展战略研究”的要求，开展重点技术和技术路径的深化研究，尤其是针对第一轮问卷调查中的争议性问题或关键性技术等进行深入研究，在战略研究取得一定成果、对技术趋势的

把握更加深入时，再开展第二轮德尔菲法调查，增加针对性调查问题，使之更好地服务于战略研究。

二、技术清单说明

海洋领域共 52 个技术方向，分别由海洋环境立体观测技术与装备、海底资源勘查及开发、海洋生物资源勘查及开发、海水资源和海洋能综合利用、海洋环境安全保障、海洋开发装备 6 个子领域组成，如图 11-1 所示。

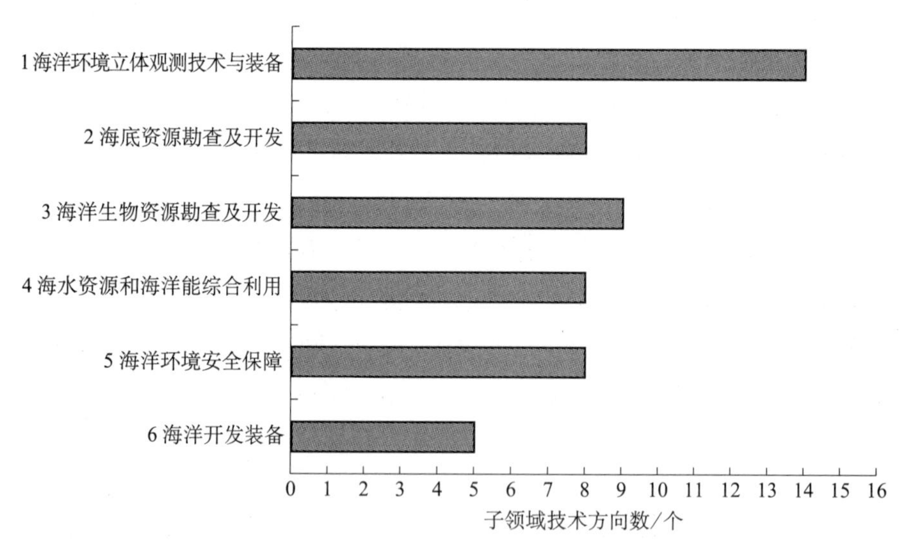

图 11-1 海洋领域 6 个子领域的技术方向个数分布图

对海洋领域 52 个技术清单概要说明如下（技术项名称后的数字序列表示技术项编号）。

（一）海洋环境立体观测技术与装备

海洋环境立体观测技术与装备子领域共有 14 个技术项，涉及海上、水体、水底监测及立体组网技术和设备。下面分别按照卫星遥感海面监测关键技术、海洋水体现场测量平台及传感器关键技术、海洋组网观测关键技术三部分进行说明。

1. 卫星遥感海面监测关键技术

海洋盐度卫星遥感技术（601002）：海洋盐度卫星遥感是唯一可行的大范围、连续观测海面盐度的方法。我国盐度卫星的研制正处于关键技术攻关和立项论证阶段，应加速开展盐度卫星遥感机理、反演算法、仪器研制等各方面的技术研究，为我国第一颗海洋高精度盐度卫星的研制奠定坚实的技术基础。

激光雷达探测海洋技术（601003）：激光雷达探测是唯一可获取水下信息的高新技术手段，可用于海洋光学参数、叶绿素、悬浮泥沙、溢油、水深、海风等海洋参数的大面或剖面探测。应加速开展激光雷达海洋探测的遥感机理、反演算法、系统研制和仿真等技术的研究，为拓展我国激光雷达在海洋领域的应用和发射海洋激光雷达卫星做技术准备。

静止轨道海洋遥感技术（601004）：利用静止轨道卫星高频观测的优势，发展高轨卫星探测海洋环境要素已成为国际海洋遥感的重要发展方向。我国需开展静止轨道海洋探测的遥感机理、反演算法、系统研制及资料应用等技术的研究，为高时间分辨率的海洋环境探测及应用奠定基础。

宽幅海面高度观测技术（601005）：宽幅海面高度观测是利用干涉合成孔径技术进行宽幅海面高度测量的主动遥感技术，能够观测海洋中尺度、亚中尺度环流现象，还可拓展至内陆水体观测。宽幅海面高度观测技术正在成为新的国际研究热点。因此，我国需要开展干涉合成孔径雷达高度计的遥感机理、宽幅海面高度的卫星反演算法、系统研制及应用等技术的研究，为宽幅海面高度观测做技术准备。

2. 海洋水体现场测量平台及传感器关键技术

智能微小型海洋传感器技术（601001）：海洋传感器是测量海洋要素的基本装置，是海洋观测系统对环境感知的最前端部分。传感器性能的优劣直接影响着海洋观测数据的有效性和准确性。目前，国际海洋传感器技术呈现快速发展趋势。我国应重点发展代表国际前沿技术的微型智能化传感器技术，全面提高国产传感器的创新能力和监测能力。

海底测绘新技术（601006）：限于定位导航能力，我国深海地形测绘的分辨率仍较低。因此，应加快水下目标高精度定位导航技术的研究，研发全球卫星导航系统（global navigation satellite system，GNSS）、导航定位浮标和高精度定位模型；构建小范围内海洋三维时空声速场，以达到海底应答器厘米级绝对标定要求。浅水区研究应综合利用声学、光学、微波等多种观测手段，解决浅水区域与岸边地形一体化快速测量的技术难题，满足陆域水域一体化地形整合与制图需求。

水下微小型移动智能观测技术（601008）：我国应研发具有多种动力方式的移动智能观测平台，在保持大航程、长时序优势的同时提高快速性和机动性。目前，美国等正在开发多型混合推进滑翔机、温差能 Argo 浮标等小型海洋移动观测平台。我国移动平台尚处于常规移动平台研发阶段，应重点突破关键技术，开发不同深度、不同动力的微小型移动观测系列产品，发展各种传感器搭载技术，以适应我国海洋环境调查多样化需求。

水下综合导航定位技术（601009）：水下导航技术是利用水下电磁场、重力场等信号进行综合导航定位的技术。在现有辅助惯性导航系统（inertial navigation system，INS）的基础上，未来集成地磁场和重力场的导航系统是一种很有前途的导航应用领域。国际上，这种水下导航定位技术已在军用潜艇和无人水下航行器中得到广泛应用。我国应有机结合地磁场和重力场信息，开发新式的水下综合独立导航系统，为水下潜器、水下无人设备导航提供技术和应用支撑。

海洋防腐科学及其新材料（601010）：海洋环境是一种复杂的强腐蚀环境，针对海洋工程设施及装备开展长效、绿色、智能腐蚀防护技术研究是国际防腐领域的研究前沿。我国应重点开发钢结构全区带防腐技术、海洋生态环保防污技术、混凝土结构腐蚀防护与修复补强技术、腐蚀防护实时监控与预警技术等海洋重大工程腐蚀防护集成体系；突破海洋机械自动化污损防除技术、新型光催化防腐防污技术、智能化缓蚀保护技术，基于防护材料自适应、自免疫、自修复机理的腐蚀控制技术和腐蚀监（检）测技术及其实时传输显示技术，为我国深海远洋资源的拓展开发及海洋军事装备的性能改良提供重要支撑。

3. 海洋组网观测关键技术

水下通信及组网观测技术（601007）：以声波为主的水下信息载体，可应用于水下环境测量、目标探测及通信。经通信连接的分布式网络是水下通信的重要途径。水下通信网络在国外已有近20年的发展历史，美国已实现对其长期部署。我国应加速各种类型水下通信及分布式网络观测技术的研发，突破核心关键技术，发展水声通信节点产品。

星－空－海、水面－水中－海底智能组网（601011）：目前，世界主要海洋科技强国的海洋环境立体观测系统均表现出观测部署多样化、静态动态设备组合化、观测规模扩大化、观测实时－精细－长期化的特点。我国已初步建立了由岸基、海床基、海基和空基等组成的海洋环境立体监测体系，应重点突破星－空－海、水面－水中－海底智能组网观测技术，发展在全球大洋快速机动组网观测的技术能力和重点区域构建长期观测网的技术能力。

海洋信息互联互通技术（601012）：我国应重点解决卫星遥感、水面及水中观测和海底观测等多种设备的互联互通。制定卫星数据、水中观测数据、水下和海底观测数据的统一接口规范标准，打造规范化的海洋信息数据接口，形成标准化海洋信息产品，实现星－空－海、水面－水中－海底等多平台多参数海洋信息的互联互通，信息实时传输分发，并在业务化系统中应用。

海洋观测和探测潜水器系统与支持体系（601013）：我国应开发缆控水下观测作业机器人、水下自主航行观（探）测机器人、水下自主滑翔剖面观测机器人、虚拟锚泊剖面观测浮标、万公里级水面走航观测无人船、载人潜水器等不同功能定位的平台，解决能源供给、通信定位、水下自动化作业等关键技术；开展支撑船建造改造、深海模拟试验装置建造的潜水器布放回收装置，搭建船基、陆基远程监控和实时数据回收呈现系统等。

海底观测网技术（601014）：我国应开展各类型海底观测网的顶层设计，重点突破高电压深水接驳、高电压深水光电复合缆、水下湿插拔、原位长期观测传感器等关键技术；发展水下移动观测平台接驳、水下多尺度信息组网、水下布网与维护、长期观测大数据分析与共享等技术；建设覆盖我国近海和全球的多尺度海底观测网，实现对海底安全与科学现象全时空监测，同时带动我国海底观测技术产业的发展。

（二）海底资源勘查及开发

海底资源勘查及开发子领域有 8 个技术项，主要涉及深海多金属矿资源评价、开采和利用的关键技术。

深海多金属矿三维综合评价技术（602001）：我国应研发深海大范围物探、化探及其集成等关键技术，发展建立海底多金属结核、富钴结壳和多金属硫化物 3 种资源矿体的多源信息发掘技术，建立海底矿产资源综合评价技术体系，搭建深海矿产高精度勘探技术试验示范平台，培育相关技术产业链，支撑我国深海矿产资源勘探实现商业化开采。

深海多金属硫化物高效、大深度钻探技术（602002）：海底多金属硫化物矿床的产出特征复杂多变，决定了海底深钻是海底多金属硫化物矿床勘探的核心手段。针对未来深海探矿钻机的发展需求，我国需重点突破换管取芯工艺、提高钻孔取芯率、取芯能力达到 320m 等技术难点以实现钻机的工程化，支撑我国深海矿产资源勘探及试开采工作，培育深海矿产钻探相关装备产业的发展。

基于水下机器人的深海多金属矿精确取芯技术（602003）：针对水下机器人可实现海底取样点的精细选址和取芯作业的特点，我国应重点开展作业水深为 4500m，取芯长度为 200m，取芯直径为 50～70mm 的水下机器人智能钻机研发，丰富我国深海矿产资源勘查技术手段，推动我国深海作业装备体系的完善和进步。

基于水下机器人的深海多金属矿高效探查技术（602004）：深海多金属矿的基本属性决定了以电法、电磁法为主的地球物理方法是进行多金属矿床勘探的有效手段。针对目前我国采用的拖体搭载瞬变电磁法技术在探测深度、定位精度和作业效率等方面的不足，需重点开展基于水下机器人 / 自主式水下航行器作业水深达到 4500m，水下连续自主调查时间达到数月，勘探深度达到 300m 的电法、电磁法勘探技术研发，并逐步实现工程化应用。

深海多金属矿开采环境评价与绿色开采技术（602005）：我国应开展深海多金属矿的开采环境评价、总体开采、水面系统、水下装配与布放回收、海底极端环境复杂地形重载作业、粗颗粒矿石长距离管道输送、恶劣环境下深海定位和观测等技术研发，完成深海采矿系统设计，研制包括采掘与输送装备的深海绿色采矿示范系统，建立深海采矿环境评价技术体系，推动我国深海固体矿产资源的商业开采。

深海多金属矿清洁选冶与梯级利用关键技术（602006）：我国应重点突破多金属氧化矿清洁冶炼、多金属硫化矿高效选冶、海上现场矿石高效预处理、共伴生稀贵金属综合回收、含稀土沉积物及磷灰岩综合利用等关键技术；从海底多金属矿的特殊微观结构和理化性能出发，通过提纯、改性及成型，开发高附加值功能材料；利用海底矿选冶尾渣开发相关矿物功能材料，实现海底多金属矿资源清洁高效与梯级利用。

天然气水合物高精度勘探资源评价及开采环境评估技术（602007）：我国应开展海洋高精度小多道三维地震探测技术、海底深孔保压取芯钻机（钻探孔深≥ 200m）系统以及配套的岩芯分析测试技术与装备、海底天然气水合物随钻地震观测技术及激光光谱海底探测技术、中深层地球化学原位探测技术等技术和设备的研发，搭建天然气水合物高精度勘探技术试验示范平台，培育天然气水合物勘查技术产业链，支撑我国天然气水合物勘探及试开采工作。

深海多金属硫化物成矿预测关键技术（602008）：我国应重点开展基于大数据分析的多种复杂构造环境下多金属硫化物分布规律研究，多金属硫化物成矿构造近海底高精度、高分辨、大深度探测技术研发，多金属硫化物找矿预测关键技术研发，以及基于成矿规律、找矿标志和大陆架划界动态信息构建的圈矿应用系统的研发。

（三）海洋生物资源勘查及开发

海洋生物资源勘查及开发子领域有 9 个技术项，包含海洋渔业资源探查装备及信息化技术、海洋生物酶及微生物开发利用技术、海洋生物资源开发利用技术、矿区环境生物资源评价技术四大部分。

1. 海洋渔业资源探查装备及信息化技术

全球海洋生境、渔业资源立体探查和大数据分析技术（603001）：我国应开发渔业资源声学探测数据、渔业生产及渔场环境现场实测数据的采集、存储与经济高效实时发送技术，以及基于卫星遥感的海洋生境数据集成分析与可视化技术。在此基础上，开发集卫星遥感、水声探测和渔业现场数据于一体的全球海洋生境与渔业资源大数据库及其分析技术，构建全球各重要渔场的渔情预报技术体系。

海洋生物资源声学探查技术及装备（603002）：我国应开发海洋声学高性能换能器设计制造技术、低噪声大动态范围信号处理与可视化技术、海洋生物声学识别技术、相关仪器装备的设计制造关键技术等。通过自主创新，打造水下全空间、全物种、军民研商全用途的海洋生物探测技术体系及装备系列，促进我国海洋生物探测能力的提升和海洋仪器装备产业的发展。

大宗渔业新资源探查与开发技术及装备（603003）：提高我国渔业新资源的探查与开发能力，促进海洋渔业产业升级，提高食物供给保障能力，开展新资源探查与开发技术及装备的研发，包括专业船舶的设计与建造技术、资源探查与种类识别技术、生态高效捕捞装备与技术等。

2. 海洋生物酶及微生物开发利用技术

高附加值海洋生物酶制剂研发与应用技术（603004）：开展新型海洋生物酶发掘、规模化制备技术研发，构建集成技术平台，突破实用性的共性技术，实现在工业、农业、医药、环境、能源和材料等领域的规模化应用，具有非常重要的经济、社会、生态和科学意义。

海洋微生物资源的开发利用技术（603005）：我国对海洋微生物资源的研究和开发利用尚处于相对初始阶段，限于财力和技术等原因，公海海域微生物资源尚未得到足够重视。因此，我国应在强化近浅海微生物资源研究开发的同时，开拓深远海极端微生物的利用评价，建立功能完备的海洋微生物产品开发技术平台，促使我国海洋微生物利用评价技术和产品研究开发综合能力达到国际先进水平。

3. 海洋生物资源开发利用技术

新型海洋生物功能材料改性与利用技术（603006）：我国应以甲壳质、海藻多糖、蛋白质、脂类等海洋生物大分子为原料，开展分子改造、修饰和分离纯化等工艺的研究，研制功能性海洋生物医用材料、工业聚酯材料、纺织材料、微纳米材料等产品，建立质量标准体系和生产工艺，获得一批具有自主知识产权的原创性新型海洋生物功能材料并实现产业化发展。

海洋生物功能基因产品开发与应用技术（603007）：我国应开展重要和极端生境海洋动物、植物、微生物功能基因研究，开发具有重大应用价值的海洋生物药用、工农业用和生态环境修复等功能基因；突破工程产品开发、产品功效评价、生产工艺优化等关键技术，研制基因工程药物、生长调节剂、免疫增强剂、生物营养制剂、生物农药、新型酶、污染物降解等基因产品；实现规模化生产和推广应用，形成完整的海洋生物功能基因产品研究开发技术链，培育基因工程药物、酶制剂、环保产品研发等相关产业。

4. 矿区环境生物资源评价技术

典型深海矿区环境生物多样性、连通性及环境适应性机制分析技术（603008）：我国应开展海洋生物分类标准化研究与管理，借助于传统形态学分类和分子数据开展生物鉴定及生物多样性监测与评估，制定标准化方法；探讨典型深海环境特有性、连通性的特点及其形成机制；深海矿区环境下物质和能量的迁移途径、变率及其调控机制；深海生物对不同生境的分子适应机制和进化机理。

深海矿区生物信息学技术（603009）：我国应开展深海环境生物 DNA 检测与分析工作，基于获得的数据开展生物信息学研究。结合数学与计算机科学更有效地实现对环境群落物种和稀有物种的识别及生物量评估，揭示大洋深海调查数据结果所包含的生物学意义，满足深海矿区环境生物生态评价的要求。

（四）海水资源和海洋能综合利用

1. 海水资源利用技术

可规模化应用的海水淡化技术与装备（604001）：海水淡化已成为我国乃至世界主要沿海国家解决水资源问题的有效途径。节省能源、降低成本、与环境和谐发展是世界海水淡化技术和产业发展的共同趋势。突破膜法、热法等海水淡化共性关键技术，研制高性能海水淡化关键装备，通过技术创新进一步降低海水淡化能耗与投资成本，将安全、清洁的淡化水并入市政管网。

海水直接高效利用技术（604002）：随着淡水资源紧缺形势的加剧，以海水取代常规地表水作为沿海电力、钢铁、石化等高耗水工业企业的冷却水和沿海居民的大生活用水已成为海水直接利用的一大特征。海水用于工业冷却水主要有循环冷却和直流冷却两种途径。循环冷却以其高效率、低成本的特点应用更加广泛，也是技术研究发展的热点。

海水化学资源高效开发利用技术（604003）：世界各国已将开发利用海水化学资源作为解决矿产资源危机的战略途径。我国研究海水化学资源高效提取工艺，需要突破海水纳滤软化、高压反渗透、高倍电渗析浓缩、单/多价离子选择性分离等关键技术，实现从海水中提取钾、溴、锂、铀等化学资源的规模化生产，建立海水化学资源利用特色产业基地，形成自主技术和标准体系。

深层海水资源开发利用技术（604004）：与表层水相比，深层海水（海面200m以下）具有低温性、恒定性、洁净性、富含营养盐和矿物质等特性，因而成为备受瞩目的重要绿色经济资源。我国南海拥有丰富的深层海水资源，开发潜力巨大，但目前国内关于深层海水的利用研究基本处于空白阶段，相关技术研究和产品开发水平与美国、日本、韩国等发达国家差距较大。

2. 海洋能开发利用技术

波浪能发电场关键技术与装备（604005）：目前，我国波浪能发电装置在能量俘获效率、转换效率、可靠性、生存性、可维护性等关键技术上有待进一步提升。因此，应加快突破百千瓦级波浪能发电装备关键技术和阵列式布放技术，推进兆瓦级波浪能发电场建设和运行维护，培育波浪能高端装备制造产业。

兆瓦级潮流能发电技术与装备（604006）：目前，我国潮流能发电机组可靠性、稳定性、阵列式应用、支撑载体工程等关键技术仍有待提升。因此，应加快突破潮流能机组关键技术，逐步降低运行成本，促进高可靠兆瓦级潮流能机组产业化，积极推进潮流能发电场建设，培育潮流能高端装备制造产业。

深远海风电场关键技术与装备（604007）：目前，我国在深水风电场的建设上缺乏技术积累和工程实践。因此，应加快研发漂浮式深海风电机组关键技术、远距离深水大型海上风电场开发及运维关键技术、潮流能及波浪能综合利用技术，建成百兆瓦级深海风电场，实现 5MW 以上深海风机装备产业化。

新型海洋能发现以及综合利用和评估技术（604008）：目前，我国海洋能原创技术较少，缺乏针对国内海洋能资源特点的高效利用技术。因此，应抓紧突破温差能及其综合利用关键技术，研制新型海洋能转换装置，开展海洋能综合利用及规模化开发环境综合评估技术研究。

（五）海洋环境安全保障

海洋数值建模科学与技术（605001）：海洋数值模式是海洋环境要素预测预报以及海洋动力与生态过程研究的核心工具，过去半个世纪以来，欧洲国家和美国等发达国家引领了海洋数值模式的发展。克服目前海洋数值模式共性问题、建立新型海洋数值模式体系、实现海洋数值模式的跨越式发展是我国海洋科学与工程领域亟待突破的重大科技问题之一。我国需进一步加强技术突破，发展具有我国自主知识产权的新型海洋数值模式，成为智慧海洋的核心科技支撑。

海洋动力环境精准预测预报与减灾防灾技术（605002）：我国是世界上受海洋灾害影响严重的国家之一。经过几十年的发展，我国海洋观测能力、数值预报水平和预警报服务手段及范围已经有了较大发展，但尚未形成精准预测与预报能力。因此，应重点加强不同海洋灾害的作用机理、海洋灾害对结构物的作用及破坏机理研究；在海洋灾害频发区开展海洋灾害近海、近岸精细化数值预报系统建设，发展多要素和多物理过程耦合的综合数值预报系统，提高沿海特大城市应对海洋灾害的弹性。

近海生态环境业务化预测预报技术（605003）：由于海洋生态过程的复杂性，目前海洋生态环境预测预报技术尚处在定性而非定量的研发阶段，其中含有太多不确定参数仍是生态模式发展的瓶颈。我国需重点突破近海生态数值模式从定性到定量、从过程研究到业务化预报的关键技术，通过多源资料的同化，实现对赤潮、绿潮、海洋缺氧区、海洋污染环境等生态环境及灾害的业务化预报。

海洋重要通道及重大海洋工程环境安全精细化保障技术（605004）：针对重大海洋工程开展精细化海洋环境模拟与预测，是保障海洋工程安全、评估海洋工程对环境影响和突发事件（如石油泄漏）应急响应的关键科技支撑。我国应建立海洋环境安全精细化预报系统，其中发展新型的监测设备和新的评估方法是未来工作的重点。针对海洋通道和重大海洋工程环境安全保障，需重点发展集卫星遥感、现场观测、海底监测于一体的海洋立体监测技术；开发高分辨率、高精度的海浪－内波－潮流－环流耦合的业务化预报系统。

海上重大突发事件智能应急保障技术（605005）：为保障我国海上人员的生命财产安全和海上经济活动的正常开展，我国必须加快开展海上突发事件应急保障技术研发，包括低成本研发，如微流控海洋实时监测技术、多源卫星聚焦目标海域技术、海上数据实时传输技术；发展精细化海洋动力环境预报技术、溢油漂移预测技术、海上目标物（人员落水、船只沉没、飞机坠海等）拉格朗日追踪及回溯技术；开发海上突发事件后续影响的快速评估技术和应急智能保障系统，实现科学决策、快速响应和智能应对。

海洋灾害风险评估与管控技术（605006）：针对海洋灾害风险防控需求，我国应研发致灾因子分析、承灾体脆弱性与风险评估关键技术，建立多灾种综合、多因素耦合的海洋灾害风险评估技术支撑体系和灾害风险转移机制，发展沿海重特大城市风暴潮、海啸等海洋巨灾风险防控技术，开发虚拟现实技术，实现海洋灾害影响的精细化与数字化显示；研发海洋灾害过程重要承灾体影响分析关键技术，研究海洋灾害损失评估和影响评估技术，建立海洋灾害影响评估指标体系和评估模型库，完善海洋减灾辅助决策支持系统关键技术，提升海洋灾害风险防控能力，为海洋环境安全保障提供技术支撑。

岛礁海洋生态系统的修复与保护技术（605007）：我国应基于生态系统的服务功能，构建岛礁生态系统健康评价体系及其评估模型，开展经济活动、养殖或海洋工程对岛礁（珊瑚灰沙岛）生态环境、生物资源影响的持续监测；研究生态效应和海域承载力等评估技术；构建典型受损岛礁生境和生物资源修复技术，开发珊瑚、砗磲、海藻、海草等人工培育、移植、增殖方法体系；提出海洋珍稀动物、特殊岛礁生态系统的保护对策，统筹设计海洋开发活动生态补偿标准。构建修复岛礁生态系统的技术体系，使其更好地服务于国家海洋安全战略与海洋经济的可持续发展。

大陆架划界高精度海底探测保障技术（605008）：俄罗斯、日本、澳大利亚等海洋大国均投巨资长期开展大陆边缘构造演化理论研究和大陆架划界高精度海底探测保障技术研发。在深化全球大陆边缘海底划界地质理论的基础上，构建弧后盆地复杂海域划界的高精度海底探测保障技术体系，完成大陆架划界决策与评估支撑平台，大幅提升我国大陆架划界水平和能力，为我国海外资源勘探开发的选区提供咨询与评估服务。

（六）海洋开发装备

深海空间探测与作业技术（607005）：聚焦于1000m以深的海洋科学研究、深海资源开发、海洋安全三大方向，我国应重点突破有人、无人深海装备共性技术，大型超大潜深结构，高密度能源动力，深海原位探测取样与实时分析，深海设施水下布放、安装、维修、回收作业，以及深海逃逸等核心关键技术。

深海多金属结核、水下富钴结壳开采技术（607006）：针对6000m洋底深海多金属结核、水下富钴结壳开采，我国需研究在恶劣环境下稳定运行、可靠作业并对环境友好的深海采掘设备技术，包括低能耗、防堵塞的高效安全粗颗粒管道输送技术等，长距离水声通信、高精度深水定位和遥测遥控系统的集成应用技术，高速率信息传递以及高精度声学与非声学综合水下定位技术等。

新一代深水浮式油气生产装置技术（607007）：依托南海油田开发，研制具有自主知识产权、适应不同环境条件和目标油田的系列化、低成本、新型深水油气生产装置。我国应在技术理论、工程设计技术、实验测试技术、建造技术、海上安装技术、运维技术等方面进行全系统技术攻关，突破总体设计、结构设计、系泊系统、外输系统等关键技术。

深水水下油气生产系统技术（607008）：针对我国南海深海油气资源，开发深水水下油气生产系统装备技术，包括系统工程技术、装置设计技术、制造技术、测试试验技术、水下运维技术，推动深海油气水下生产系统的自主开发。

深海水下钻井装备技术（607009）：该技术可以使目前的半潜式钻井平台（船）演变成能够“潜入”海底，直接在海底进行钻井作业。我国应重点突破可移动可潜式超大型深海空间站、可搭载钻井装备及配套设备、深海动力系统、深海生活保障系统、可密封对接的潜航运输器、深海井口设备及安装系统等核心关键技术。

三、技术实现时间分布

针对第二轮海洋领域技术预见问卷调查结果，对整个海洋领域技术项进行统计分析，以期摸清海洋领域工程技术的整体发展状态，并根据问卷调查结果，初步判断海洋领域中的关键技术项、技术实现时间及制约因素等特征。

回收的问卷中，对所填报的技术项，59% 的回函专家选择“很熟悉”与“熟悉”，仅 1% 的专家选择“不熟悉”（图 11-2）。统计时，对选择“很熟悉”“熟悉”“较熟悉”“不熟悉”的四类专家，分别赋予权重 4、3、2、1，该方法有助于使问卷调查结果更趋向于熟悉技术项专家的判断。

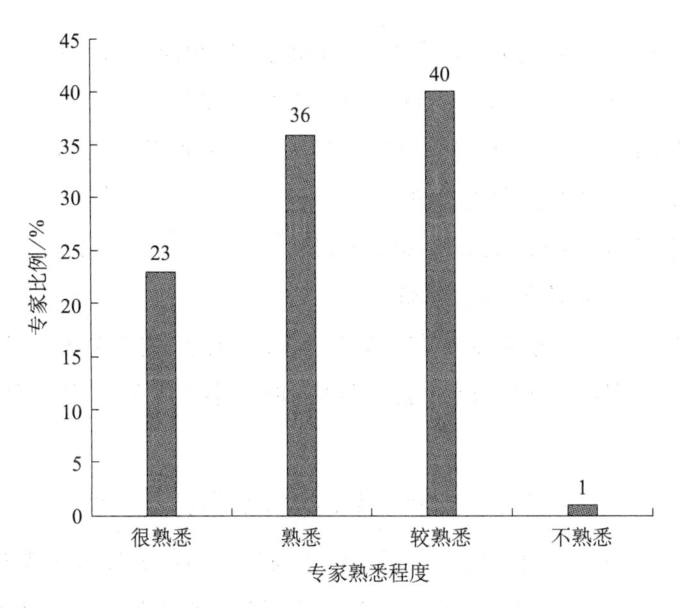

图 11-2　回函专家熟悉程度分布图

1. 预期实现时间分布

海洋领域技术项的世界技术实现时间、中国技术实现时间和中国社会实现时间如图 11-3 所示。

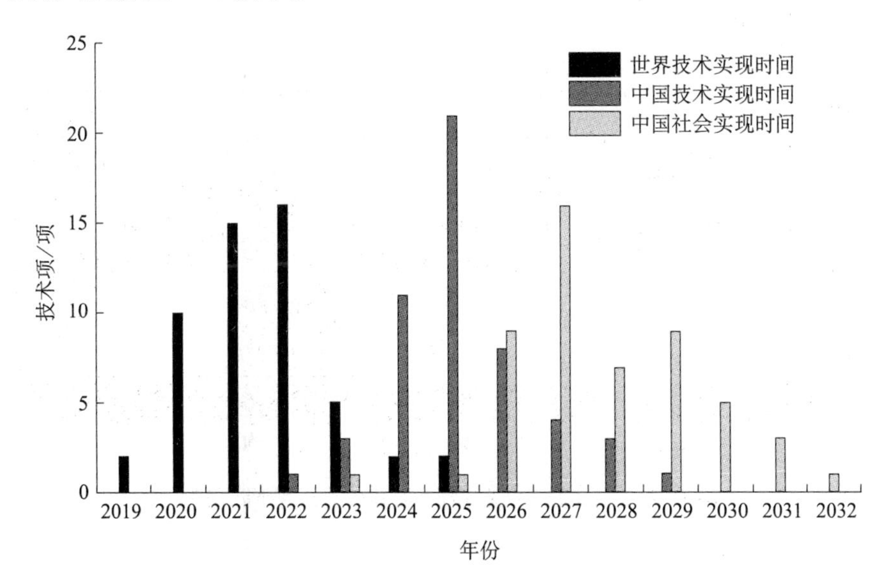

图 11-3　预期实现时间分布

所有技术项目的预期世界技术实现时间为 2019～2025 年，主要集中在 2020～2022 年，有 41 项，约占全部技术的 78.85%。

预期中国技术实现时间为 2022～2029 年，主要集中在 2024～2026 年，有 40 项，约占全部技术的 76.92%。

预期中国社会实现时间为 2023～2032 年，主要集中在 2026～2029 年，有 41 项，约占全部技术的 78.85%。

总体上，在不考虑技术方向数加权的情况下，世界技术实现时间、中国技术实现时间和中国社会实现时间分别约为 2022 年、2025 年和 2028 年。

2. 中国技术实现时间与世界技术实现时间跨度分析

针对 52 项技术项，比较分析各技术项我国与世界技术实现时间差距（图 11-4）。整体上，我国海洋工程技术实现时间平均晚于世界技术实现时间 4 年，其中海底资源勘查及开发和海洋开发装备子领域技术与世界水平差距相对较大，落后 4～5 年；海洋生物资源勘查及开发子领域的大宗渔业新资源探查与开发技术及装备（603003）和海水资源和海洋能综合利用子领域的可规模化应用的海水淡化技术与装备（604001）与世界水平差距最小，为 2 年。

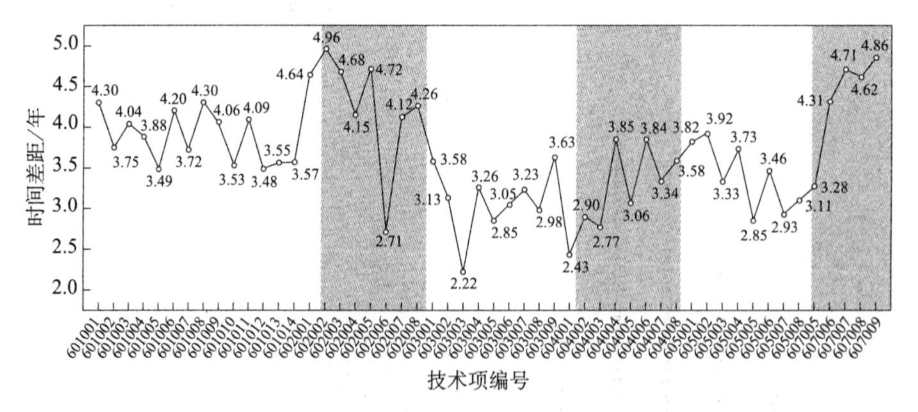

图 11-4 中国技术实现时间与世界技术实现时间差距

3. 中国技术实现时间与中国社会实现时间跨度分析

分析各技术项中国技术实现时间平均约为2025年，中国社会实现时间约为2028年，平均时间差距为3年，最长差距为5年（图11-5）。海洋生物资源勘查及开发子领域中的高附加值海洋生物酶制剂研发与应用技术（603004）中国技术实现时间与中国社会实现时间跨度最大，为5年。海底资源勘查及开发子领域中的深海多金属矿三维综合评价技术（602001）和深海多金属硫化物成矿预测关键技术（602008）的中国技术实现时间与中国社会实现时间差距为1年，跨度最小，且其技术实现时间较早，从技术实现到社会实现预计可在2027年前完成。

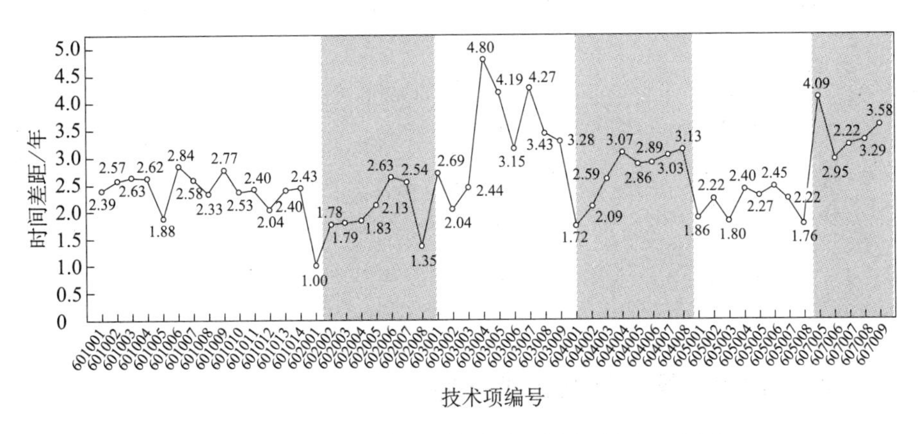

图11-5　中国技术实现时间与中国社会实现时间差距

4. 技术实现时间与重要度综合分析

通过综合分析各技术项的核心性、带动性，以及对经济发展、社会发展和保障国家安全的促进作用，获得各技术项的技术与应用综合重要性指数。在此基础上，综合分析52项技术的中国技术实现时间和技术与应用综合重要性指数（图11-6），发现海洋领域技术项目重要度总体处于较高水平，平均技术与应用综合重要性指数为73.85，且各子领域平均技术与应用综合重要性指数无较大差别。

整体上，我国海洋生物资源勘查及开发、海洋环境立体观测技术与装备子领域的技术实现时间较早；海底资源勘查及开发、海洋开发装备、海水资源和海洋能综合利用子领域的技术实现时间相对较晚；海洋环境安全保障子领域的技术实现时间相对集中，基本在 2025 年左右实现。

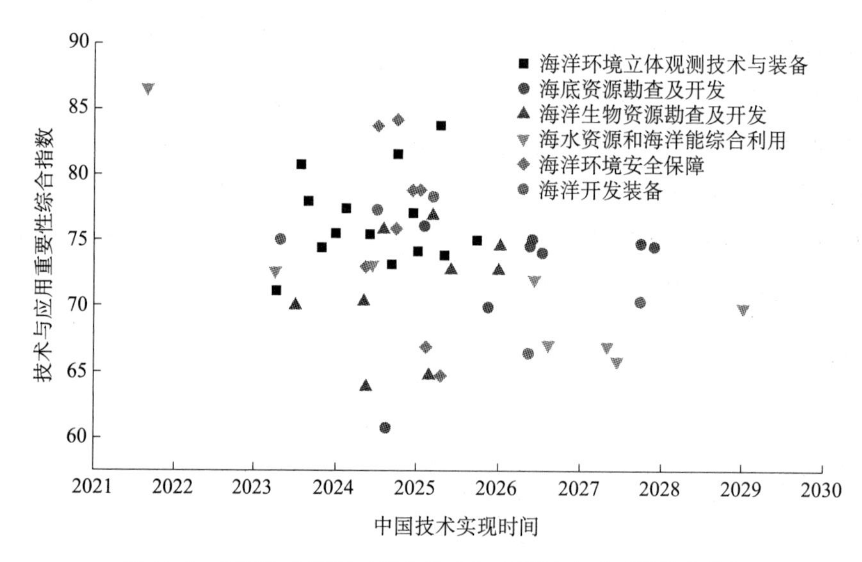

图 11-6 中国技术实现时间和技术与应用综合重要性综合分析

四、技术发展水平与约束条件

1. 研发水平指数

海洋领域各子领域技术方向研发水平指数见表 11-2。52 项技术研发水平指数均值为 18.97，说明海洋领域整体技术发展程度相对不成熟。其中，海水资源和海洋能综合利用子领域的可规模化应用的海水淡化技术与装备（604001）研发水平指数为 41.96，属于相对研发水平较高的技术项目；海洋开发装备子领域的深水水下油气生产系统技术（607008）研发水平指数最低，仅为 3.17。

在海洋各子领域分布上，海水资源和海洋能综合利用子领域平均研发水平较高，海洋开发装备和海洋环境立体观测技术与装备子领域平均研发水平较低。

整体上，我国海洋领域研发水平指数与世界持平的技术方向有 1 个

（指数在 41～60），处于较落后的有 22 项（指数在 21～40），处于落后的有 29 项（指数≤ 20），处于较落后和落后的占 98%。

表 11-2　海洋领域各子领域技术方向研发水平指数

子领域名称	≤ 20	21～40	41～60	61～80	＞ 80	平均研发水平指数
海洋环境立体观测技术与装备	11	3	—	—	—	15.68
海底资源勘查及开发	3	5	—	—	—	19.03
海洋生物资源勘查及开发	5	4	—	—	—	20.07
海水资源和海洋能综合利用	2	5	1	—	—	23.05
海洋环境安全保障	4	4	—	—	—	22.29
海洋开发装备	4	1	—	—	—	13.72
合计	29	22	1	—	—	18.97

2. 技术领先国家（组织）

除海水资源和海洋能综合利用子领域外，美国在其他所有子领域拥有绝对技术优势，其次为欧盟和日本（图 11-7）。

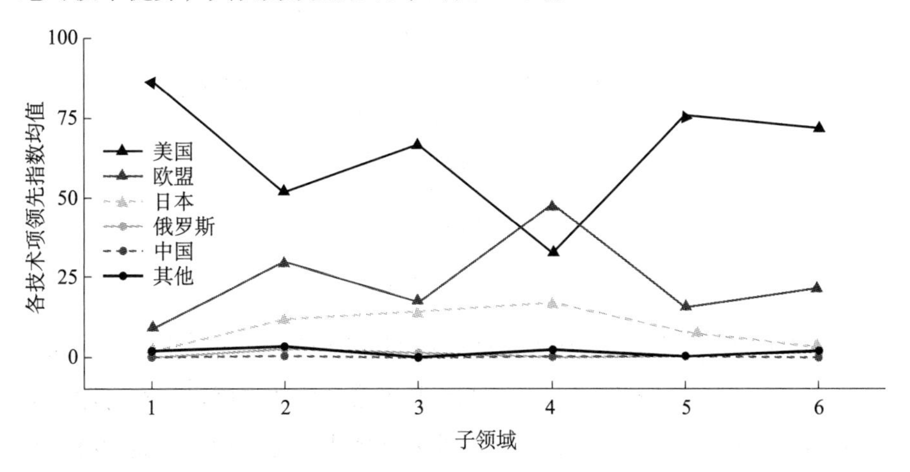

图 11-7　技术领先国家（组织）分布

1- 海洋环境立体观测技术与装备；2- 海底资源勘查及开发；3- 海洋生物资源勘查及开发；4- 海水资源和海洋能综合利用；5- 海洋环境安全保障；6- 海洋开发装备

3. 制约因素分析

在技术预见问卷调查中，针对每个技术项，分别设置人才队伍及科技资源、研发投入、工业基础能力、协调与合作、标准规范和法律法规政策选项，结合专家熟悉程度，计算获得每个因素对技术项的制约程度（百分比）。整体来看，当前，人才队伍及科技资源和研发投入是海洋领域工程科技发展的主要制约因素（图 11-8），工业基础能力和协调与合作也是制约海洋领域技术发展的重要因素，标准规范和法律法规政策对海洋领域发展的制约性较小。

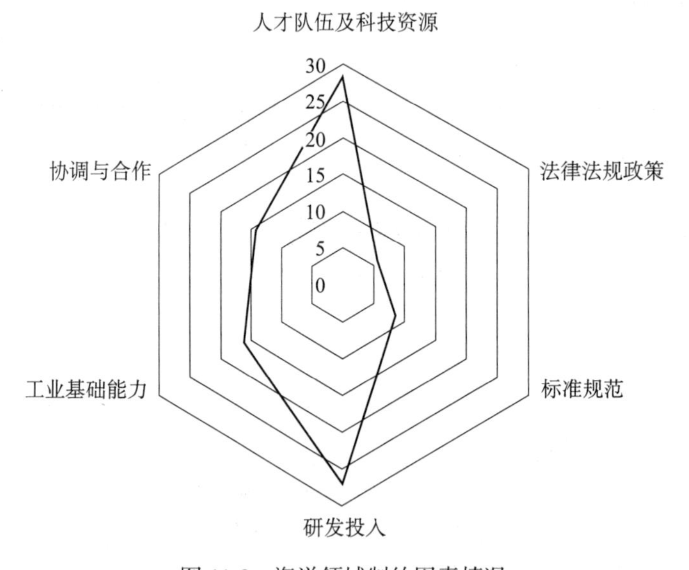

图 11-8　海洋领域制约因素情况

各子领域制约因素与海洋领域整体制约因素分布较一致（图 11-9），人才队伍及科技资源和研发投入是制约技术发展的主要因素。在海洋环境安全保障子领域，协调与合作超过工业基础能力成为制约其发展的第三大重要影响因素。相较于其他子领域，海洋开发装备对工业基础能力的要求较高，发展受其制约较显著。此外，海水资源和海洋能综合利用还受法律法规政策的显著影响。

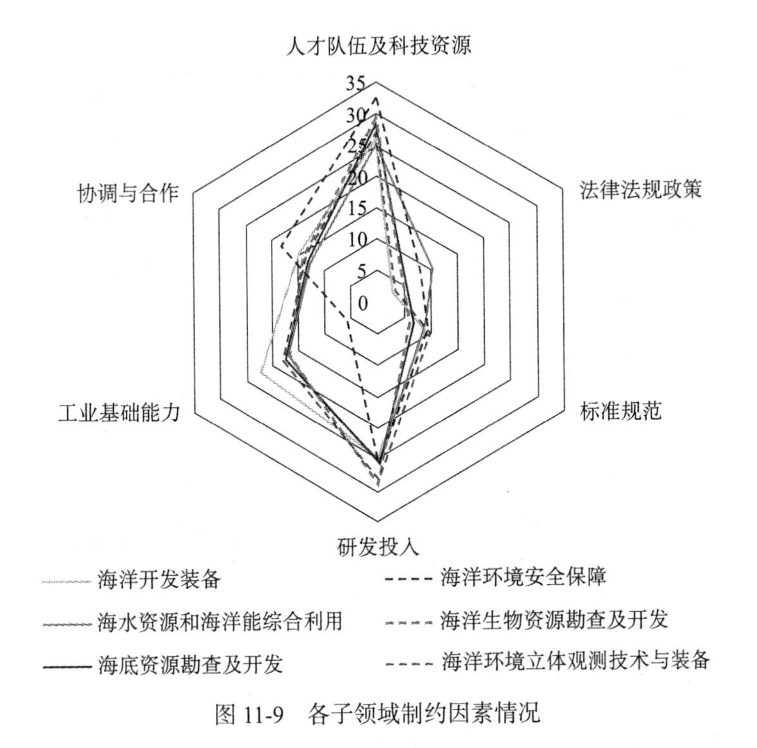

图 11-9　各子领域制约因素情况

第二节　关键技术选择

一、关键技术项

经技术预见问卷调查结果统计分析和领域专家研讨分析，得到我国海洋工程科技综合重要性最高的前 10 项技术方向，见表 11-3。

表 11-3　本领域关键技术方向

序号	子领域	技术项
1	海水资源和海洋能综合利用	可规模化应用的海水淡化技术与装备
2	海洋环境安全保障	海洋数值建模科学与技术
3	海洋环境立体观测技术与装备	星 - 空 - 海、水面 - 水中 - 海底智能组网
4	海洋环境安全保障	海洋动力环境精准预测预报与减灾防灾技术
5	海洋环境立体观测技术与装备	海洋防腐科学及其新材料
6	海洋开发装备	新一代深水浮式油气生产装置技术
7	海洋生物资源勘查及开发	高附加值海洋生物酶制剂研发与应用技术
8	海洋生物资源勘查及开发	海洋微生物资源的开发利用技术
9	海底资源勘查及开发	深海多金属矿三维综合评价技术
10	海水资源和海洋能综合利用	兆瓦级潮流能发电技术与装备

注：1～3 项为最重要的关键技术，4～10 按照领域划分，排名顺序不代表重要性

二、共性技术项

经技术预见问卷调查结果统计分析和领域专家研讨分析，得到两项本领域共性关键技术方向，见表 11-4。

表 11-4　本领域共性关键技术方向

序号	子领域	技术项
1	海洋环境安全保障	海洋数值建模科学与技术
2	海洋环境立体观测技术与装备	海洋防腐科学及其新材料

三、颠覆性技术项

经技术预见问卷调查结果统计分析和领域专家研讨分析，得到两项本领域颠覆性技术方向，见表 11-5。

表 11-5　本领域颠覆性技术方向

序号	子领域	技术项
1	海底资源勘查及开发	基于水下机器人的深海多金属矿高效探查技术
2	海洋开发装备	深海水下钻井装备技术

第十二章
海洋工程科技发展思路与战略目标

第一节 发展思路

当前，我国经济对海洋资源、空间的依赖程度大幅提升，海洋经济已成为拉动我国国民经济发展的有力引擎，更为中国社会经济可持续发展提供了广阔的发展空间。这就要求我国在发展海洋工程科技的同时，以建设海洋强国的战略目标为指引，针对发展海洋经济、开发深海资源、拓展生存和发展空间以及维护国家海洋主权与权益的战略需求，以满足国民社会经济发展对海洋工程科技的重大需求和国际市场需求为目的，瞄准世界海洋工程科技发展重要前沿技术和我国亟须突破的关键技术，加强技术攻关，强化与工业等其他部门的联合，大幅提升自主创新能力，以技术创新带动海洋装备和产业升级，抢占未来发展高地，成为世界海洋开发领域的技术引领者、标准引领者和装备引领者。

在具体实施上，应该坚持以国家需求与科学目标带动技术发展，坚持“重大国家需求与科学发展前沿相结合、基础理论研究与技术能力建设相结合”的原则。以支撑海洋强国建设作为战略目标，重点发展海洋环境立体观测技术与装备、海底资源勘查及开发、海洋生物资源勘查及开发、海水资源和海洋能综合利用、海洋环境安全保障、海洋开发装备 6 个子领域的重大关键技术，以推动整个海洋产业健康、快速发展。

第二节 战略目标

紧密围绕 2050 年全方位构建海洋强国的战略目标，提出面向 2035 年的我国海洋工程科技发展目标：2025 年初步进入海洋工程科技创新强国行列，2035 年海洋工程科技迈入强国行列，为 2050 年全方位构建海洋强国体系夯实基础。

一、2025 年，初步进入海洋工程科技创新强国行列

（1）覆盖我国管辖海域及西太平洋、印度洋的海洋环境立体观测网络建设完成，卫星遥感观测网、水下智能观测网和海底观测网三网建成，并实现互联互通，可为海洋资源开发利用及海上力量全球到达和安全保障提供精细化信息服务。

（2）高端海洋油气开发装备具备自主设计建造能力，全面实现海洋开发装备水面核心设备、1500m 级水下生产系统与专用系统自主配套能力，海洋油气开发装备占国际市场比重达到 40%。完成千吨级深海空间站系统集成，具备海洋矿产资源、天然气水合物、生物资源、海洋能和海水淡化等深远海海洋资源、能源开发能力，开发海底天然气水合物精细勘探和钻采试验技术与装备，形成试验开采能力。

（3）建立全球重点区域远洋渔业资源调查与监测体系，制造一批面向国家重大需求、具有自主知识产权和国际市场开发前景的海洋基因工程产物，建立海洋生物酶研发的创新技术平台和应用体系。

（4）初步形成我国自主、完整的海水利用产业体系，在 20 个左右的

海岛开展海洋能多能互补独立微网示范，海洋能深远海应用更加成熟。

（5）海洋环境安全保障技术基本自主化，形成以我国自主开发的海洋数值模式为基础的海洋环境安全保障系统。

（6）形成完善的我国海洋开发装备设计、总装建造、设备供应、技术服务产业体系和标准规范体系，建成数字化、网络化、智能化、绿色化设计制造体系。

二、2035年，海洋工程科技迈入强国行列

2035年，海洋工程科技迈入强国行列，具备中等海洋强国水平，成为2050年我国实现海洋强国发展目标道路上一个坚实的里程碑，为全方位建设海洋强国体系提供工程科技支撑。

（1）海洋环境立体观测技术与装备。利用并完善星-空-海、水面-水中-海底智能组网立体观测系统，形成全球6h、中国近海1h、关键海区连续观测的立体监测能力，建设信息化的海洋环境数据库，基于预测预报和专家知识的智慧海洋系统，为海洋调查、海洋经济开发与军事活动提供实时信息保障。

（2）海底资源勘查及开发。完善海底成矿地质理论体系，建立我国深水工程技术创新平台，构建海底矿床精细勘探技术体系，开发海底矿床高效勘探核心技术及深海采矿装备，完成1000m级深海集矿、输送等技术的海上试验与实际应用。建立海底矿产资源和天然气水合物勘探开发技术应用示范，实现海底资源勘查及开发核心技术和装备的国产化，培育深水工程产业体系，全面提升海底矿产资源自主开发能力。

（3）海洋生物资源勘查及开发。建立渔业资源立体探测技术体系与大数据系统，打造大宗深远海渔业新资源专业性开发与船载加工装备自主研发基地，提升深蓝渔业资源开发能力。开发利用海洋生物基因资源、微生物资源及生物功能材料，实现深远海及极地海洋生物资源的深入开发和利用，打造海洋生物资源新兴产业。

（4）海水资源和海洋能综合利用。我国海水资源开发利用技术和产业

在创新环境、创新能力、技术工艺、装备产业化水平和应用规模等方面有较大提升，达到世界先进水平，在解决资源危机、发展社会经济、提高人们生活水平等方面做出了重要贡献。积极推动我国技术装备“走出去”，打造面向全球的海水资源开发竞争优势。攻克海洋能发电装置产品化关键技术，达到国际先进水平。我国海洋能产业粗具规模，为实现海洋能规模化开发利用和发展海洋能高端装备制造产业奠定了坚实基础，尽早为国家能源结构调整提供备选能源，并逐步向国际海洋能市场发展。

（5）海洋环境安全保障。研发达到国际先进水平的海洋数字建模体系，将会大大增强我国海洋动力环境和生态环境预报的精确性，有效保障海洋重要通道的使用和海洋重大工程的顺利开展。实现对海洋重大突发事件的保障，以及海洋灾害的风险管控和影响评估。有效增强岛礁生态系统的人工修复、重构与自然恢复，推动岛礁生态系统的资源保护与生态安全保障。大陆架等海底高精度测量能力显著提升，有效增强大陆架划界中的权利保障。

（6）海洋开发装备。海洋开发装备研制水平大幅提升，为我国海洋开发、海洋科学研究等活动提供具有世界先进水平的开发装备；建立起完善的深海空间站应用与保障体系，具备长航程、大范围探测和水深 3000m 内水下轻、重载施工作业等能力；海洋开发装备制造业市场份额居世界前列，成为行业技术引领者和标准制定者；关键系统和配套设备自主创新能力得到极大增强，优势产品技术水平世界领先，弱势产品赶超国际先进水平，海洋油气开发装备配套系统和设备本土化装船率达到 80% 以上；智能制造模式广泛应用，海洋开发装备制造业由生产制造转变为服务型制造。

第三节　海洋工程科技发展总体构架

基于目前海洋领域工程科技发展仍然不成熟的现状和 2035 年我国海洋经济将基本达到成熟的战略预见，提出了“具备自主海洋装备研发能力、增强海洋资源开发能力、建立海洋安全和战略利益技术保障体系”三位一体的我国2035年海洋工程科技发展框架，以保障我国海洋领域工程科技的跨越式发展（图12-1）。

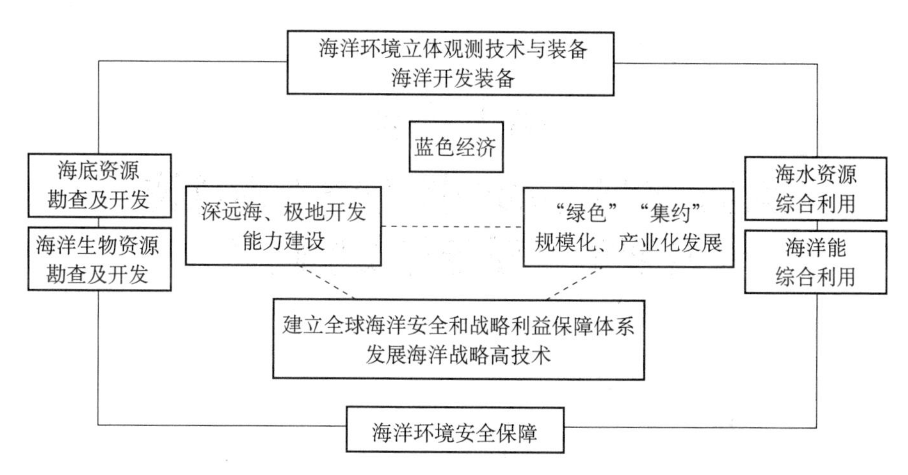

图12-1　面向2035年的海洋领域工程科技发展构架示意图

发展框架主要如下：

（1）充分发挥国家战略牵引、集中力量办大事的优势，同时发挥市场力量和企业创新主体作用，统筹规划，开展海洋工程科技攻关，实现海洋工程科技的弯道超车和系统跨越，使海洋新经济发展成为未来国民经济的重要支柱。

（2）大力发展具有自主知识产权的海洋开发装备，提高海洋技术自主创新能力；实现海洋装备技术基本自主化，初步具备全球海洋环境智能监测能力，建成经略海洋的全球海洋环境安全保障网络体系。

（3）建立以“信息化、服务化、智能化”为主要特征，面向服务的海洋综合管理系统（智慧海洋），为海洋经济开发、国家海洋安全和海洋生态环境保护等服务，逐步实现海洋信息服务的产业化发展。

（4）发展海洋经济，获得合理的海洋空间资源，海底矿产能源、海洋生物资源勘查和开发能力覆盖深海及远洋，海水资源和海洋能综合利用初步形成产业化，海洋经济产业规模大幅提升。

第十三章
面向2035年的中国海洋工程科技发展重点任务与发展路径

第一节 重 点 任 务

一、海洋环境立体观测技术与装备

（一）发展现代海洋观测仪器

海洋环境观测目前正朝着大范围、大深度和高精度方向发展。随着海洋监测系统的拓展，在全球海洋环境、深海环境和生态环境的长期连续观测需求下，海洋观测装备向小型化、低功耗方向发展，要求传感器可在水下小型运动平台、固定平台上搭载使用，并实现观测设备的多功能、多参数、模块化、智能化，服务智能化海洋环境立体观测平台建设。

（二）组网建设海洋环境立体观测系统

组网建设海洋环境立体观测系统，为海洋环境信息获取提供四维立体监测技术手段，建立包括星基、空基、船载、水下移动和固定平台在内的多种平台观测和长期连续观测技术。实现由现象观测到过程观测，强化重要现象与调控过程的观测力度，综合运用各种先进的传感器和观测仪器，以及新型的声学和卫星遥感等探测手段，使点、线、面观测结合更为紧密，满足对区域的高效监控需求；促进水面、水下和海底观测网络建设，获取长时间海洋立体观测综合信息。

（三）搭建综合海洋环境监测服务平台

建立海洋环境立体观测系统进行大范围、立体、实时海洋观测需要集成各类海洋监测传感器及观测平台的数据，进行互联互通和综合组网，为各种海上活动提供精细化的信息服务。搭建面向服务的综合海洋环境监测服务平台，开发高级海洋环境信息产品，建立国家层面集成的海洋观测系统，为国防安全、海上生产作业、防灾减灾提供保障，并实现气候监测（预测）与评价、海洋生物资源监测与评价、海岸带环境与资源及其变化监测、海洋健康评价与预测、海洋水文气象服务、海洋灾害监测预警与评估等能力。

二、海底资源勘查及开发

（一）关键技术研发

研究并突破海底多金属矿床找矿预测与评价技术；突破海底多金属矿床320m深孔取芯钻机系统、大功率地震法探测仪和智能化海底钻地机器人等关键技术，形成海底矿床高精度勘探技术体系；突破5000m级水深海底采矿、扬矿、集矿和输矿系统的研发、收放和监测等核心技术，形成深海矿产资源开发能力；突破多道三维地震探测技术、海底深孔保压取芯钻机等核心技术，形成海洋天然气水合物勘探评价技术体系；突破海底流体、气体探测检测技术，形成天然气水合物地质灾害和生态效益评价技术体系；突破天然气水合物开采过程、天然气水合物分解的多相渗流及传热传质的立体监测、模拟技术和开采井模型实验技术，形成海洋天然气水合物开采检测技术体系。

（二）重要装备研发

依托关键技术突破，面向深海多金属矿床和天然气水合物勘探开发，研制具有自主知识产权的、高效的、精确的海底资源勘探、开发及环境评价技术装备，建立技术规范和规程，促进装备的工程化应用和成果转化，逐步提升装备能力水平，实现装备和技术输出。

（三）工程化应用示范

建立海上试验区，形成海上试验的运行规范和共享机制，依托调查船、钻井平台、深潜器等大型平台和关键技术，开展多种类型的海底资源目标评价、储层预测、钻探、试采及环境监测全链条工作试验，形成产业开发能力，引领和带动商业勘探开发。

三、海洋生物资源勘查及开发

（一）深远海渔业资源数据库建设、资源探测及装备升级

建设全球海洋生物资源与生境调查监测网络，以科学调查和生产性调查为途径，重点布局南大洋、印度洋、中西太平洋、南美洲周边海域、北太平洋和南海周边的6个远洋渔业资源调查与环境监测体系，建立中国远洋渔业数据中心，为渔情预报与渔业资源评估提供基础资料。

开展全球重要海洋渔业资源的渔情预测系统研发工作。基于物联网技术和卫星通信技术等，重点研发全球渔况信息服务系统，对近海渔情实时预报、中长期预报等重大技术问题进行攻关，增强远洋渔业资源的综合开发能力。研究全球海洋重要渔业资源评估技术，以远洋渔业资源调查与监测数据为基础，结合其生活习性，开展基于声学的渔业资源评估新方法，以及调查数据缺少情况下的渔业资源评估与管理策略研究。同时，结合物理海洋学等学科，开展海洋生态动力学研究，掌握渔业资源种群数量的变动规律，增强远洋渔业资源的掌控能力。

（二）海洋生物基因资源和产物资源的开发和利用

形成成熟的深远海生物基因资源调查、利用、产品开发、产业化发展的整体链条。开发一批面向国家重大需求和国际市场的海洋生物基因工程产品，如药物、工业酶、疫苗、生物农药等，在工业、农业、医药等领域得到广泛应用。

开发海洋生物酶新一代高效生产菌种。大幅提高酶产量、拓宽生产菌种的原料利用范围，实现酶的高转化率和目的组分的高效生产；建立酶制剂产业化制备中发酵过程优化与控制技术等工程技术体系；研究酶规模化高效分离工程技术；构建集成技术平台。研发海洋生物酶制剂稳定性与实用性的共性关键技术；结合酶功能和需求，突破重要海洋生物酶在工业、农业、医药、环境和能源等领域的应用及其催化和转化产品的工艺技术。

建立海洋微生物的筛选、分离和培养体系。高通量筛选医药、农业和工业等领域具有应用前景的活性产物，研发海洋微生物大规模发酵、产物高效制备和质量控制等关键技术，建立海洋微生物活性产物生物合成基因（簇）的改造和异源表达体系，构建海洋微生物产品开发技术平台，实现一批海洋生物医用材料的创新研发及产业化生产，加强海洋生物质能源利用研究与产业化发展。

四、海水资源和海洋能综合利用

（一）提升海水淡化工程集成技术及关键设备和材料工艺水平

针对 10 万 t/d 以上的大型或超大型海水淡化工程，研发低能耗、低成本、生态化的大型或超大型海水淡化系统集成工艺，推动我国规模化海水淡化工程技术水平的提升和产业发展。建立海水淡化示范工程，开展海水淡化水接入市政供水管网的技术研究，包括网线布局及配套工艺研究、海水淡化水水质与市政自来水水质兼容性、供水保质储存，以及海水淡化水、自来水和水库水的合理配置等研究，确保海水淡化水安全进入城市供水管网。

优化反渗透海水淡化膜生产工艺，形成系列产品和生产全过程工艺包，提高超滤膜生产能力和产品性能。开发高效的水力模型，完善加工条件和试验设备，优化精加工设备、冶炼和铸造工艺，进一步提高国产高压泵产品性能和质量。加快能量回收装置的产业化关键技术开发，建立能量回收装置生产线，形成系列产品，实现与其他海水淡化关键设备的同步发展，提高全系统国产化率，并达到国外同类产品先进水平。

深化耐腐蚀性、高效传热材料的研究，优化材料生产工艺，增强产品质量和性能，加强与蒸馏法海水淡化系统相配套的冷凝器、蒸汽喷射泵等核心部件的研制。开展蒸馏法海水淡化传热材料和核心部件的工程化应用研究，以及与太阳能、核能等新能源相结合的蒸馏法海水淡化工艺研究和大型化、高浓缩海水淡化成套装备及技术研究，优化工艺及结构设计，大幅降低海水淡化运行成本。

（二）加快海水化学资源利用技术集成与示范

开展海水化学资源利用节能、降耗与资源高效利用工艺研发，通过关键共性技术创新，提升海水化学资源利用能力与水平。强化技术集成与应用示范，培育和引领海水化学资源利用新兴产业发展，重点针对传统盐化工产业升级，开展高效节能提取利用技术集成与示范。针对浓海水处置利用需求，开展集约化盐田处置利用、非盐田工厂化利用等技术的集成与示范；针对大量高端功能海洋化工产品进口替代与产业结构调整需求，开展高纯产品与精细化深加工技术集成与示范；针对战略性能源需求，开展稀有元素锂、铀及重水提取技术集成与示范。通过技术集成与规模化示范，带动以高科技为支撑的海水化学资源利用产业化发展。

加快开展深层海水资源调查与评估，掌握深层海水水质特性和利用的可行性，开发深海取水和输送装备，研究深海水处理、加工技术，开拓深层海水的利用途径和领域，培育高附加值产品。

（三）完善海水利用产业标准化体系

研究形成海水开发利用标准化体系，推动国内与国际海水利用产业标准化建设。研究形成海水利用关键设备及材料标准，规范关键设备及材料生产标准化，提高产品质量，健全设备制造业市场。研究形成海水利用技术工艺标准和工程设计规范，提高工程设计和建设质量，健全工程设计和工程建设市场。研究形成海水利用设备及工艺性能检测和评价标准，推动海水利用产业健康、绿色发展。

（四）攻克海洋能发电装置产品化关键技术

开展高可靠 100kW 潮流能技术实海况测试及长期示范运行；攻克 300kW 潮流能机组整机设计与制造关键技术，包括高效叶片、高可靠传动系统、发电机与变桨控制、水下密封结构、安装基础设计优化等；开展 1MW 潮流能机组设计及测试关键技术与阵列化应用研究，包括叶片高效获能、高效传动、电机与电控、阵列布局、海试运维等关键技术。

开展高效、高稳定 50kW 波浪能技术实海况测试及示范运行；攻克 100kW 波浪能发电系统设计与制造关键技术，包括发电平台及锚泊系统优化设计、高效转换与电力控制、可靠性与生存保障技术等；开展模块化波浪能发电装置阵列式应用研究，以及兆瓦级波浪能发电场建设及运维等。

开展 5MW 级漂浮式深海风电机组关键技术和装备研发及示范、远距离深水大型海上风电场开发、海上施工关键技术研究、海岛风能独立电力系统开发、深海风能及波浪能综合利用等；加快百兆瓦级深海风电场建设，培育深海风机装备制造和运维产业。

（五）开展海洋能综合利用技术

开展兆瓦级温差能发电工程技术研究和温差能综合利用技术研究；开展百万千瓦级环境友好型潮汐电站建设，培育潮汐能高端装备制造产业。

依靠深海海洋能综合试验与技术应用示范平台，开展 100kW 温差能关键技术研究，包括氨透平、冷海水管、换热器等核心设备和技术研究，逐步向兆瓦级温差能技术及其综合利用发展；开展新型海洋能原理样机及比例样机测试与试验；开展海洋能发电、海水淡化、冷源供给、深水养殖、制氢、制氨等综合利用和技术示范。

五、海洋环境安全保障

形成我国自主世界领先的海洋数值建模体系，综合考虑海洋动力4个子系统，小尺度子系统（以海浪为代表）、中尺度子系统（以内波为代表）、大尺度子系统（以大洋波动和环流为代表）和近海面海洋大气边界层子系统之间的相互作用，实现多运动形态的耦合。

基于自主海洋数值模式体系，建立国际领先的海洋环境预报系统、近海生态环境预报系统和海洋重要通道安全预报系统，并研发重大海洋工程环境安全保障系统和海上重大突发事件智能应急保障系统；建立海洋灾害风险管控和影响评估系统；建立岛礁环境监测与生态系统健康评价技术体系，发展以关键物种移植与恢复为基础的生态修复工程技术；建立生态系统区划管理系统，发展大陆架划界高精度海底测量技术。

六、海洋开发装备

（一）自主研发深水油气资源开发装备系统

1. 开发新一代深水浮式油气生产装置

深海油气田的开发需要深水油气开发工程技术作为支撑和保障。目前，深水浮式油气生产装置的核心技术均由国外公司垄断，而且低油价的形势迫切要求加快开发新一代低成本深水浮式油气生产装置。根据我国南海海况，依托南海油田开发，需要开发出具有自主知识产权、适应不同环境条件和目标油田的系列化、低成本、新型深水油气生产装置，在技术理论、工程设计技术、实验测试技术、建造技术、海上安装技术、运维技术等方面进行全系统技术攻关，突破总体设计、结构设计、系泊系统、外输系统等关键技术，实现在深水浮式油气生产装置海洋高端装备上的“中国制造”。

2. 实现深海水下钻井作业

深海水下钻井装备技术可以使目前的半潜式钻井平台（船）“潜入”

海底，直接在海底进行钻井作业。我国需重点研发可移动可潜式超大型深海空间站、可搭载钻井装备及配套设备、深海动力系统、深海生活保障系统、可密封对接的潜航运输器、深海井口设备及安装系统等核心关键技术。2025年前实现水深1500m的深海水下钻井作业能力；2035年前实现水深3000m的深海水下钻井作业能力。

3. 建立完善的深海油气井泄漏应急救援体系

目前，海洋油气开发正由浅海向深远海挺进，加快发展深海油气开发安全保护救援技术，对于实现油气资源绿色可持续开采、保护深海生态环境资源具有重要意义。我国需突破深海油气开采智能监控预警系统关键技术，加快建立油气井或管道设备泄漏灾害智能识别与保护系统，建成相对完善的泄漏事故应急救援装备体系（如井喷应急装备、水下切割机具、水下封堵机具、水下维修机具、部件回收机具等），突破溢油绿色高效回收设备及材料关键技术，实现海底溢油生态修复技术的示范应用。

（二）深海空间探测与作业装备技术达到国际领先水平

1. 建立深海空间探测及作业装备与保障体系

聚焦于1000m以深的海洋科学研究、深海资源开发、海洋安全保障三大方向，重点突破有人和无人深海装备共性技术、大型超大潜深结构、高密度能源动力、深海原位探测取样与实时研究、深海逃逸，以及深海设施水下布放、安装、维修和回收作业等核心关键技术。2020年前建成百吨级通用型载人深海运载装备及配套的无人探测作业系统；2025年前完成千吨级载人深海运载装备系统集成；2030年前建立起系统完善的载人深海运载装备与保障体系，具备长航程、大范围探测和水深3000m内水下轻、重载施工作业等能力，取得认识和开发深海的装备技术优势。

2. 突破水下无人航行器导航与操控技术

导航与操控是水下无人航行器的基础保障，是水下航行器自主性、智能化与协同性的核心，是有效执行远程航行、任务作业与安全回收的基本保障。我国应建立以惯性导航为核心、惯性与水声等多信息组合为基础的综合惯性导航系统，通过“导航、制导与控制”一体化算法，突破水下各种复杂环境下无人航行器的运动规划与智能控制集成技术，实现水下航行器的高精度定位、智能操控及多平台协同运行，确保水下作业精度与协同能力的提升，导航与操控技术达到国外同等技术水平，逐步实现工程应用。

第二节 发展路径

海洋作为 21 世纪资源新基地，其经济社会意义以及安全和战略利益意义突出。党的十八大报告明确指出：“提高海洋资源开发能力，发展海洋经济，保护海洋生态环境，坚决维护国家海洋权益，建设海洋强国。”这为我国海洋工程科技发展指出了明确的发展方向。到 2035 年，我国海洋工程科技发展的总体目标为：海洋装备技术基本自主化，初步具备全球海洋环境立体监测能力，建成经略海洋的全球海洋环境安全保障体系；获得合理的海洋空间资源，海底矿产能源及海洋生物资源勘查和开发能力覆盖深海及远洋，海水资源和海洋能综合利用初步形成产业化，海洋经济和产业规模大幅提升。

第一阶段（2025 年前），以全球海洋信息精准服务工程为牵引，重点构建初步的海洋立体观测系统和海洋环境安全保障体系。解决制约海洋观测及安全保障的海洋环境立体观测遥感机理与反演方法、海洋数值建模科学与技术、海洋防腐科学及其新材料等基础科学问题。自主研发海洋资源开发及保障装备系统，发展现代海洋观测设备，初步建立海洋环境立体观测网络。在加强海洋动力环境精准预测预报和减灾防灾技术的同时，提高海洋信息服务能力；在具备海洋环境监测能力的同时，提高海洋资源勘查及开发能力。

在资源开发方面，需要提前部署相关基础理论研究，完善海底矿产资

	2025年前 / 2026～2035年
需求	十八大报告明确指出，我国应“提高海洋资源开发能力，发展海洋经济，保护海洋生态环境，坚决维护国家海洋权益，建设海洋强国。”我们需要关心海洋、认识海洋、经略海洋 海洋作为21世纪资源新基地，其经济社会意义以及安全和战略意义突出。在国内经济面临转型挑战、结构调整时，潜力无限却仍未充分开发的海洋资源将成为未来我国经济发展的新增长点
目标	海洋装备技术基本自主化，初步具备全球海洋环境立体监测能力，建成经略海洋的全球海洋环境安全保障体系 获得合理的海洋空间资源；海底矿产资源及海洋生物资源勘查和开发能力覆盖深海及海洋；海水资源和海洋能综合利用初步形成产业化；海洋经济和产业规模大幅提升
重点任务	发展现代海洋观测仪器 建立海洋环境立体观测系统 建立全球海洋保障快速响应体系 突破深远海海洋资源开发瓶颈 构建深远海海洋资源开发产业化发展体系 构建海水和海洋能利用产业标准化体系 加快海水和海洋能综合利用技术集成、实现工程化应用 自主研发海洋资源开发及保障装备系统 构建海洋开发装备研发、生产、装备体系
关键技术	海洋防腐科学及其新材料 星-空-海、水面-水中-海底智能组网 海洋数值建模科学与技术 海洋动力环境精准预测预报与减灾防灾技术 深海空间探测与作业技术 深水水下油气生产系统技术 深海多金属矿三维综合评价技术 深海多金属硫化物高效、大深度钻探技术 高附加值海洋生物酶制剂研发与应用技术 海洋微生物资源的开发利用技术 兆瓦级潮流能发电技术与装备 可规模化应用的海水淡化技术与装备
基础研究	海洋环境立体观测遥感机理与反演方法 海洋环境安全保障技术 全海深水下精准导航与定位关键科学问题研究 深海工程先进材料设计、制备及应用基础研究 海底矿产资源的形成机理与探测理论 海洋生物资源高效绿色开发与可持续利用基础理论 选择性渗透分离膜传质机理与材料设计 新型高效海洋能发电机理及阵列化应用基础理论
领域重大工程	全球海洋信息精准服务工程：全球海洋环境立体观（监）测与预警预报系统工程 深海空间工程
领域重大科技项目	蓝色资源开发和利用
对策	加强顶层设计、做好统筹规划 根据海洋探索开发的特点，重点投入，构建海洋信息和开发平台共享机制 加强创新人才培养，营造鼓励创新的研发环境 扩大国际和地区科技合作与交流

图 13-1　面向 2035 年的中国海洋领域工程科技发展技术路线图

源的形成机理与探测理论、海洋生物资源高效绿色开发与可持续利用基础理论，重点突破深海空间探测与作业装备及技术、深海多金属矿三维综合评价技术、海洋微生物资源开发利用技术和深海多金属硫化物高效、大深度钻探技术，为深远海海底矿产资源开发和培育新兴海洋生物资源开发产业建立基础。在传统海水与海洋能资源开发方面，秉承“绿色、集约、可持续化”的开发理念，加强选择性渗透分离膜传质机理与材料设计，研究新型高效海洋能发电机理及阵列化应用基础理论，发展兆瓦级潮流能发电技术与装备以及可规模化应用的海水淡化技术与装备，实现海水资源和海洋能的高效综合利用，促进相关产业的转型升级。

第二阶段（2026～2035 年），以蓝色资源勘查及开发为主题，在实现传统海洋资源开发产业转型升级的基础上，打造海洋新兴产业并初步实现商业化发展。在海洋观测方面，构建星－空－海、水面－水中－海底智能组网，形成全球 6h、中国近海 1h、关键海区连续观测的立体监测能力，建设海洋环境信息综合服务平台与基于预测预报和专家知识的智慧海洋系统，为海洋认知、海洋经济开发与军事活动提供实况信息保障。智能制造模式广泛应用，海洋开发装备制造业由生产制造转变为服务型制造，构建海洋开发装备完整的研发、总装建造、设备供应和技术服务产业体系。掌握深水水下油气及矿产生产系统技术和深海多金属硫化物高效、大深度钻探技术。构建深远海海洋资源开发产业化发展体系，形成海底矿床精细勘探技术体系，完成 1000m 级深海集矿、输送等技术海上试验与实际应用，建立海底矿产资源和天然气水合物勘探开发技术应用示范，培育深水工程产业体系。制造一批面向国家重大需求、具有自主知识产权和国际市场开发前景的海洋基因工程产物，建立海洋生物酶研发的创新技术平台和应用的新技术体系。构建海水资源和海洋能综合利用产业标准化体系，装备产业化水平和应用规模等较大提升，加快海水资源与海洋能综合利用技术集成、实现工程化应用。

面向 2035 年的中国海洋领域工程科技发展技术路线图见图 13-1。

第十四章
面向 2035 年的中国海洋工程科技发展需优先开展的基础研究方向

工程科技的发展离不开基础研究的积累和创新。目前，我国海洋工程科技在自主创新和原创成果突破方面还存在很大不足；在核心传感器件、关键原材料、自主数值模式、海洋数据信息化应用等方面仍存在短板，迫切需要加大相关领域的基础科学研究，为海洋工程科技跨越式发展和海洋强国建设提供科技储备。本章结合“中国工程科技 2035 发展战略研究”项目与国家自然科学基金委员会对前瞻部署基础研究方向的需求，根据我国海洋工程科技发展的战略研究成果，结合关键技术和重点研究方向，提出面向 2035 年的我国海洋工程科技发展需优先开展的基础研究方向，以期为海洋强国战略的基础研究布局与部署提供参考。

第一节 基础研究方向选择准则

以把握科学发展前沿和瞄准国家战略目标为出发点，根据我国科技进步和经济社会发展的迫切需求，从以下视角遴选需优先开展的基础研究方向。

（1）面向国家战略需求开展基础研究方向选择。包括战略必争领域、关系国家安全和核心利益等领域的基础研究方向，以及为解决我国面临的重大挑战性问题、重要瓶颈问题需要开展的基础研究方向等。

（2）面向世界工程科技前沿开展基础研究方向选择。面向世界工程科技前沿，选择在拓展新前沿、创造新知识、形成新理论、发展新方法上有望取得重大突破，且对未来经济社会发展和应对全球重大挑战具有重大带动作用的基础研究方向，尤其是具有较好的研究基础和优势，有望领先突破的基础研究方向。

（3）面向我国传统产业转型升级和新兴产业发展要求开展基础研究方向选择。针对影响我国产业发展的深层次、基础性问题，以及影响产业发展的普遍性、共性技术发展需求等，提出重点基础研究方向，尤其是长期困扰我国产业竞争力提升的重要基础性问题。

（4）关注多学科交叉融合的基础研究方向。面向当前多学科综合与集群创新的大趋势，突出学科交叉的重大前沿领域的基础研究，以及重大应用领域的跨学科基础科学问题研究。

第二节　海洋领域需优先支持的基础研究方向

基于上述原则，围绕我国海洋工程科技发展前沿和重大挑战性问题，提出了共 8 项建议优先支持的基础研究方向，见表 14-1。

表 14-1　海洋领域建议优先支持的基础研究方向

技术项编号	基础研究方向
1	海洋环境立体观测遥感机理与反演方法
2	海底矿产资源的形成机理与探测理论

续表

技术项编号	基础研究方向
3	海洋生物资源高效绿色开发与可持续利用基础理论
4	选择性渗透分离膜传质机理与材料设计
5	新型高效海洋能发电机理及阵列化应用基础理论
6	海洋环境安全保障技术
7	深海工程先进材料设计、制备及应用基础研究
8	全海深水下精准导航与定位关键科学问题研究

一、海洋环境立体观测遥感机理与反演方法

海洋环境立体观测遥感机理与反演方法是提升我国卫星遥感技术自主创新能力的关键。为此，需要重点针对关键科学问题“如何形成面向海洋环境立体观测的遥感机理、协同反演、融合同化与数据分析的理论方法体系”开展研究，为海洋环境立体观测装备设计和面向智慧海洋立体多层次的信息服务提供技术支撑。

主要研究方向：①开展多参数、宽范围、实时化、立体化卫星遥感海面环境观测机理研究。②小型化、智能化、标准化、产业化海洋水体环境观测传感器及探测机理研究。③开展面向层次化、综合化与智慧化的海量多源海洋环境立体监测数据的协同反演、融合同化技术与大数据分析预测技术研究。

二、海底矿产资源的形成机理与探测理论

海底矿产资源的形成机理与探测理论是保障海底资源勘探开发技术发展的理论基础。为此，需要重点针对矿产资源的成矿机理、分布规律、控制因素、矿区信息探测与提取等关键科学问题开展研究，指导海底矿产资源的探查、评价与开采等关键技术研发。

主要研究方向：海底地质运动与海底成矿关系的研究；多金属结核、富钴结壳、热液硫化物等多金属矿产资源和天然气水合物的形成演化、成

矿模型、成矿系统、成矿机理研究；不同类型海底资源矿藏的控制因素、赋存特征、富集规律，以及伴生的地质、地球物理、地球化学、生物群落响应特征研究。此外，还需加强矿区异常信息探测方法等方面的综合研究，逐步形成和完善海底成矿地质理论体系与探测技术系统。

三、海洋生物资源高效绿色开发与可持续利用基础理论

海洋生物资源包括群体资源、遗传资源和产物资源，当以可持续的方式开发利用时，可循环不竭地为人类提供大量的优质蛋白、性状优良的养殖品种、功能新颖的酶与活性物质及生物材料等，是重要的食物、药物、工业酶原材料。为此，需要重点围绕海洋生物资源的高效开发和可持续利用开展基础性研究，为促进传统海洋渔业转型升级、打造海洋生物新兴产业、保障食物安全和海洋经济发展提供支撑。

主要研究方向：①海洋可捕群体资源探测与预报技术基础研究。包括多频宽带、全尺度海洋生物声散射特征研究，深远海渔业资源和生态环境立体观测与数据集成技术研究，大数据处理与分析技术研究，渔业资源变动规律及其对气候变化与人类活动的适应机制研究，大尺度渔场鱼汛变动规律与预报研究，海洋渔业新资源生态行为与高效开发新型绿色渔具水动力学研究等。②海洋产物资源勘探与高效绿色开发利用技术基础研究。包括海洋生物基因获取与利用的新技术和新方法，新型功能基因的挖掘、功效评价、产业化技术和工艺研究，深远海微生物群落的结构与功能及其利用评价研究，重要海洋微生物的代谢工程研究，海洋生物酶多样性与极端酶高效开发、分子改造以及产业化利用技术研究等。

四、选择性渗透分离膜传质机理与材料设计

膜分离技术已成为一项助推产业升级的高新技术，在水处理、化工、能源、医药、环保、食品、电子等诸多行业得到广泛应用，具有显著的低碳环保效果。选择性渗透分离膜是膜技术的核心，探明膜的分离传质机理，是研究开发新型膜材料和拓展其应用领域的关键。

主要研究方向：研究被分离物质在膜介质中的传递扩散模型，探明传质机理；研究膜材料微结构与分离性能的关系，设计高选择性、高渗透性分离膜材料；研究膜材料的成膜机理，通过相转化、复合、聚合等工艺，实现目标产品制备的精准调控；研究纳米杂化、混合基质等新型膜材料，实现膜的高性能化和多功能化；研究膜材料的服役行为与微结构演变、性能衰变等关系，提高分离膜的利用效率。

五、新型高效海洋能发电机理及阵列化应用基础理论

高效高可靠海洋能发电机理研究不足，装置可靠性不高、转换效率低、高成本等问题严重制约着我国海洋能技术的工程化及规模化应用。为此，需加强海洋能高效转换利用机理创新性研究、实验室仿真及实海况测试系列化方法研究、发电装置阵列化应用理论研究，为我国海洋能工程化及规模化利用奠定基础。

主要研究方向：①海洋能转换机理，包括潮流能高效转换设计方法、波浪能高效俘获富集及恶劣环境下高生存性设计方法、动态潮汐能发电物理模型设计方法、温差能高效热循环机理、盐差能发电原理。②海洋能技术室内外测试方面的海洋能发电装置与环境相互作用机制，包括海洋能发电装置俘获系统测试、动力输出系统测试、发电品质测试等实验室和实海况测试方法，以及自主创新的海洋能仿真软件和测试方法。③在海洋能发电装置阵列化应用理论方面，包括海洋能发电场重点区域的海洋能资源精细化评估方法和技术，海洋能发电装置耐腐蚀抗疲劳理论，海洋能发电装置尾流场、阵列布局及电力系统优化设计理论与方法。

六、海洋环境安全保障技术

海洋环境安全保障技术已成为推动我国国家安全、海洋经济、海洋工程、海洋生态等领域发展的关键。需要重点针对关键科学问题“如何进行精细化海洋数值模拟和预报、海洋岛礁生态保护和修复”开展研究。

主要研究方向：①研究海洋多运动形式耦合模式，针对目前海洋环流

模式中把中、小尺度运动作为次网格过程进行过分简化处理这一问题，研究海浪、内波与环流相互作用的理论，为发展包含多尺度过程相互作用的海洋环流模式提供理论支撑；针对目前大气－海洋环流耦合模式中过分参数化的海－气界面通量（动量、热量和水汽）描述这一问题，围绕海浪拖曳、破碎对海－气通量交换的影响开展理论研究，为发展大气环流－海浪－海洋环流耦合模式提供理论支撑。②研究海洋动力环境精准预测预报和海洋数值模式高效并行计算技术，研究高效率数据同化技术，研究海洋数值模式高效并行耦合器。③海洋岛礁生态系统的修复与保护技术，包括人类工程和环境演变对珊瑚礁生态系统的影响及其响应机制研究，造礁护礁生物的人工培育与物种恢复的关键工程技术研究。

七、深海工程先进材料设计、制备及应用基础研究

随着海洋开发活动向深海进军，深海工程装备制造业对相关材料及其制造技术提出了更高的要求。因此，需要重点针对关键科学问题“深海工程先进材料设计、制备及应用”开展研究，支撑深海空间站重大工程及其他深海开发科技项目的实施。

主要研究方向：深海工程先进材料成分设计及性能研究；深海工程先进材料微结构调控与制备方法研究；深海复杂环境条件下先进材料力学性能研究；大型海洋结构物先进材料可用性研究；深海工程先进材料的环境安全与寿命周期评价。

八、全海深水下精准导航与定位关键科学问题研究

目前，我国已开始步入“万米深海科研时代”，水下自主航行器作业深度不断增加，其对导航定位的精度需求也不断提高。深水水下高精度导航定位是保证深水水下航行器自主性、智能化与协同性的核心，是有效执行深水远程航行、任务作业与安全回收的基本保障。因此，需要重点针对关键科学问题“如何在全海深（11 000m）条件下进行高精度、高可靠的导航与定位”开展研究，支撑我国深渊科考及深海空间站重大工程项目的

实施。

主要研究方向：全海深条件下水下航行器自主导航与定位新理论与新方法研究；全海深综合惯性导航关键技术研究；全海深水下多艘无人航行器的协同控制技术；全海深水下航行器智能路径规划与跟踪控制研究；全海深导航定位高精度数据处理方法研究等。

第十五章
重大工程与重大科技项目

第一节　全球海洋信息组网精准服务重大工程

一、需求与必要性

全球海洋环境立体观（监）测与预警预报以及海洋资源动态感知的精准服务能力，是我国海洋强国战略顺利实施的基础性保障。因此，迫切需要构建全球海洋信息精准服务体系，推动海洋信息服务产业化发展，全面支持我国经略海洋的战略目标。

二、工程任务

立足全球视野，以构建保障国家安全和战略利益的海洋信息精准服务体系为目标，重点突破涵盖天基－岸基－水下－深海的各种智能化海洋观（监）测传感器、观测平台、立体观测组网、海洋大数据应用及信息服务等新技术；研发深海矿产、能源、生物资源、海水和海洋能资源信息化探查技术及应用示范系统；推动探测海洋水中、水面目标与海底资源的大功率、极低频主动探测试验及示范系统研究；研制具有自主知识产权的，包含海洋环境、生态、资源、灾害多要素综合的数值预报体系并实现有效运行。

建议实施时间为2018～2035年：第一阶段为2018～2020年，完成顶层设计，核心技术和典型应用示范区统筹规划；第二阶段为2021～2025年，突破核心技术，形成标准规范，针对典型应用开展试验示范；第三阶段为2026～2035年，构建全球海洋信息精准服务体系，推进海洋信息服务产业化。

三、工程目标与效果

通过该工程的实施，建成以业务化观测为主，兼顾科学研究，服务海洋资源勘查、经济发展和海洋权益保护的全球一体化海洋信息精准服务体系，在保障海洋经济活动的同时，提升我国在全球海洋管理事务中的话语权，树立我国负责任大国的国际形象。

第二节　南海深蓝能源综合利用重大工程

一、需求与必要性

南海蕴藏着丰富的油气资源、生物资源与海洋能资源，同时又是我国重要的对外贸易航道和通道。近年来，围绕岛礁主权、资源争夺、通道控制的南海权益争端愈演愈烈。因此，加强南海控制与开发已成为维护我国传统航道和通道安全，建设海洋强国的战略选择。开发南海并保持岛礁的常态化控制需要稳定的电力、淡水、食物等补给，南海拥有丰富的温差能、波浪能、海上风能等资源，在南海海岛开展深海海洋能综合利用，除了海洋能发电满足能源供应外，还可开展温差能海水制淡、供冷等应用。因此，在南海地区选择合适的海岛（围填岛）开展南海深蓝能源综合利用工程具有重要的战略意义。

二、工程任务

提高波浪能发电装置的可靠性和生存性，降低波浪能发电装置成本，突破波浪能装置深水锚泊工程技术和波浪能发电场关键技术；开展100kW、1MW、10MW温差能发电关键技术及工程技术研究，突破温差能发电高效热力循环、高效氨透平与热交换器、大功率海水提升泵、大管径冷海水管制作与敷设、循环工质监测、冷海水管与发电平台连接技术、温差能供冷及制淡应用等关键科学技术问题；突破大功率漂浮式深海风电机组关键技术，海上升压变电站和换流站关键技术，海底远距离输电关键技术、深海风电场运维关键技术。

三、工程目标与效果

近期建成南海波浪能及海上风能综合利用基地，中长期建成南海温差能、波浪能及海上风能综合利用基地。

建议实施时间为2018～2035年：第一阶段为2018～2025年，针对南海海岛（围填岛）用水、用电、用冷等需求，开展兆瓦级南海波浪能及海上风能多能互补示范工程，满足500人规模能源需求；第二阶段为2026～2035年，针对南海海岛（围填岛）开发利用，开展10MW级南海温差能、波浪能及海上风能综合利用工程，打造生态休闲海上城市，满足5000人规模能源需求。

在南海海岛（围填岛）开展温差能、波浪能、海上风能等深蓝能源综合利用工程建设，打造深海海洋能科研基地，实现南海海岛（围填岛）用水、用电、用冷等完全自给，提高岛上人员生活质量，持续加强南海的实际控制力和周边影响力。

第三节　蓝色资源开发重大科技项目

一、需求与必要性

在我国经济面临转型挑战、结构升级时，潜力无限却仍未充分发展的海洋产业将成为我国经济发展的新增长点。我国迫切需要在海洋开发装备、海洋空间资源、海底矿产及能源、海洋生物资源、海水和海洋能资源等方面，建立海洋高科技产业体系，形成全方位的海洋资源勘查和开发能力，支撑蓝色经济发展，实现走进海洋的工程跨越（王芳，2016；“中国海洋工程与科技发展战略研究”海洋运载课题组，2016；“中国海洋工程与科技发展战略研究”海洋环境与生态课题组，2016）。

二、关键技术攻关任务

以海洋资源勘查及开发利用为主题，通过关键技术研发和示范系统建设，推进海洋新兴产业的商业化发展。以集约开发和优化利用沿岸与近海资源，加强开发利用公海及国际深远海资源为目标，建立全面的海洋资源勘查和开发装备研发体系，实现具有自主知识产权的3000m深深水下油气生产系统等关键产品的设计、制造、测试及作业与装备的供应能力，形成若干个海底矿产资源、海洋生物、海水和海洋能资源勘查和开发的综合应用示范平台，实现海洋资源的深入开发，培育海洋新兴产业，促进我国产业结构调整，推动海洋经济为国家经济保持中高速增长做出重大贡献。

三、需要突破的关键技术

（1）研究并突破海底多金属矿床找矿预测与评价技术，加快海底多金属矿产资源开采核心关键技术攻关，自主研制海底多金属矿产资源开采装备，突破制约深远海矿产资源开发及生态效应评价技术的发展瓶颈，初步构建深远海矿产资源产业化发展体系。

（2）突破深水水下油气生产系统总体设计技术、制造技术、测试试验技术、水下运维技术等关键技术，形成我国水下生产系统产品的关键核心技术群。

（3）加大海洋生物资源开发力度，培育海洋生物资源开发新产业。重点建立远洋渔业数据库，发展极地与深远海渔业资源声学探测技术，升级深远海和极地渔业开发装备。加强功能性海洋生物酶、基因资源、产物资源等的研发和应用，形成成熟的深远海基因资源勘探、利用和产品开发的整体链条。

（4）制定海水及海洋能开发标准，建设一批具有代表性的海水及海洋能利用产业化示范工程。通过技术集成与规模化示范，带动以高科技为支撑的海水和海洋能资源利用产业化发展。

（5）发展现代海洋开发装备，构建海洋开发装备自主研发、生产、装备体系，以技术创新带动装备和产业升级。

建议实施时间为2018～2035年：第一阶段为2018～2020年，完成顶层设计，核心技术和典型行业应用示范统筹规划；第二阶段为2021～2025年，突破核心技术，形成行业标准规范，针对典型应用开展试验示范；第三阶段为2026～2035年，形成多个海洋资源开发利用产业示范园区，推动海洋资源开发产业化发展。

第四节　一体化海洋环境立体观（监）测技术装备国产化重大科技项目

一、需求与必要性

稳定的长时间序列的综合海洋环境立体观（监）测资料是充分认知海

洋的基础。目前，我国国产海洋传感器在可靠性、稳定性和准确性等方面与国际先进水平相比仍存在较大差距，技术上落后先进海洋国家 10～15 年。在代表传感器发展趋势的微小型传感器、智能化海洋传感器方面，国内仍处于空白。海洋研究及海洋立体观测组网的大部分传感器、深海探测装备中的核心零部件几乎全部依赖进口。大部分研制企业以引进国外芯片的二次加工和面向中低端领域的集成应用为主，自主创新能力薄弱，产业化瓶颈迟迟未能突破。在深海探测方面，面对万米级深渊科考需求，我国在万米级潜水器材料、结构、通信、能源等一系列技术问题上仍需突破和创新，主要设备国产化水平低，研发进度受制于国外。

我国必须突破海洋环境立体观（监）测系统集成及核心装备国产化的技术瓶颈，重点研发高可靠性、高稳定性、具备业务化潜力并可替代进口的传感器技术（包括材料、装备、工艺），全面提高海洋环境立体观（监）测技术与装备的国产化能力。同时，实现万米级潜水器的自主设计、制造、测试及运维，推动深海探测的快速、稳步发展。

二、关键技术攻关任务

围绕海洋自然（生态与灾害）环境监测、资源开发与维权保障等国家重大海洋活动需求，突破海洋环境立体观（监）测系统核心装备主要依赖进口的瓶颈问题，研发自主海洋环境立体观（监）测核心装备，显著提升海洋立体观（监）测技术能力。发展智能海洋环境立体观（监）测技术装备，重点研制自主传感器、深远海和海底观测平台、立体观测组网核心设备，提升我国海洋环境立体观（监）测系统核心装备国产化水平，开展海洋环境一体化组网观测顶层设计，发展军民兼用的海洋立体观测网络构建和集成关键技术，建立天空岸海一体化立体观测示范运行网。研发具有自主产权的万米级载人、无人潜水器，完善我国深海探测装备体系，推动我国深渊科学的发展。

三、需要突破的关键技术

（1）智能化海洋环境立体观（监）测传感器国产化。解决制约海洋传感器可靠性、精确度和灵敏度的核心关键技术，研发高可靠、长维护周期传感器及在线监测设备，研制新型智能化、小型化传感器，实现动力监测和在线生态监测仪器设备产品化。

（2）海洋新型遥感监测装备国产化。研发高精度和高分辨率水色扫描仪、电荷耦合成像仪、中分辨率成像光谱仪、微波散射计、雷达高度计、微波辐射计、合成孔径雷达、盐度计等星载和机载载荷设备；突破新体制雷达实时海态探测技术。

（3）海洋智能观测平台装备国产化。研发具备剖面观测和实时通信能力、低功耗的新型浮标、潜标、海床基等离岸定点自动观测平台；研发岸基、岛基海洋动力和生态一体化自动监测系统；研发智能化水下、水面、空中移动观测平台及其集成与组网观测技术。

（4）新型海底观测装备国产化。开发海底观测网络高压电能传输、水下接驳、声通信等海底观测网技术装备；研发海底重力、磁力、地形地貌和热流观测仪器；研究海底观测网组网技术。

（5）海洋观测系统集成组网技术。开展陆海空天海洋环境一体化观测组网顶层设计，研发海洋环境多传感器组网观测数据融合处理技术，发展军民兼用的海洋立体观测网构建和集成关键技术，建立陆海空天一体化立体观测示范运行网，评估海洋环境立体观（监）测仪器装备和海洋环境组网观测效能。

（6）万米级潜水器关键技术。突破万米级潜水器快速潜浮技术、人－机－环境设计技术、浮力材料技术、耐压结构设计和制造技术、大容量蓄电池技术、全海深通信和定位技术等关键技术。

第十六章
措施与政策建议

根据海洋工程科技的发展特点，并针对我国海洋工程科技整体发展水平不高、海洋产业结构面临调整、海洋经济发展仍不成熟、产学研链接相对分散的现状，提出以下几点建议。

一、加强顶层设计，做好统筹规划

海洋作为国家战略新疆域，具有大科学、高科技、超大工程的突出特点。需要在国家层面建立统筹管理体制，制定海洋工程科技发展的总体战略规划，加强海洋工程科技发展的顶层设计和海洋科技项目的统筹布局。同时，进一步厘清科研院所、高校、业务中心作为海洋创新主体的侧重点，发挥各自优势，避免重复建设。引导涉海科研单位树立打造国之重器的工匠之心，凝聚海洋科技之合力，集中力量办大事，实现海洋工程科技的“弯道赶超”和系统跨越，全面支撑海洋强国建设。

二、根据海洋探索开发的特点，重点投入，引导企业参与，构建海洋科技成果交易和转化的公众服务平台

海洋工程科技发展具有高难度、高风险、高投入等特点。推进我国海

洋工程科技的跨越式发展，一方面需要稳定增加的国家财政支持，另一方面需要强化企业创新主体和产业化发展的主导作用，形成社会多元投入支持海洋工程科技发展的良好局面。在国家战略牵引下，充分发挥市场力量和企业作用，开展海洋工程科技攻关，不断保持基础性科研领域深耕能力，并使海洋科技成果产出形成显著的累积突破效应，推动海洋科技成果转化。同时，建立海洋信息共建共享法律法规和标准体系，构建海洋科技成果交易和转化的公众服务平台，以重点投入、分散共享的方式，服务更大范围的创新、创业群体。

三、创新海洋人才体制机制，加强创新人才培养

紧密结合涉海重大工程科技项目，探索合理有效的中长期人才激励约束制度，加强多层次、跨行业、跨专业的海洋人才培养，为海洋领域的持续发展提供综合技术平台和人才储备。加强科技成果权益分配的法律法规建设，鼓励科技人员采取多种方式分享科技成果转化收益，参与创办高新技术企业，促进创新成果转移、转化和产业化。

四、扩大国际和地区科技合作与交流

增强海洋工程科技自主创新能力，必须充分利用对外开放的有利条件，扩大多种形式的国际和地区科技合作与交流。支持我国科学家和科研机构参与或牵头组织国际和区域性大科学工程计划。在鼓励原创性核心技术研发能力的基础上，一方面，积极引进国际先进海洋工程科技技术，鼓励引进消化吸收再创新，实现跨越式发展；另一方面、贯彻落实建设“21世纪海上丝绸之路”，紧盯国际海洋市场需求，重点突破海洋工程科技核心技术，加强与“21世纪海上丝绸之路”沿线国家的技术与产业合作，建立健全海洋产业对外投资的服务保障体系，为我国海洋工程科技与产业走向全球奠定坚实基础（陈明宝和韩立民，2016）。

参 考 文 献

“中国海洋工程与科技发展战略研究”海洋环境与生态课题组 .2016. 海洋环境与生态工程发展战略研究 . 中国工程科学，18(2):41-48.

“中国海洋工程与科技发展战略研究”海洋运载课题组 . 2016. 海洋运载工程发展战略研究 . 中国工程科学，18(2)：10-18.

埃隆・马斯克. 2017. 埃隆・马斯克 2017 宇航大会演讲——先后建立月球火星基地火箭客机二合一. https://www.bilibili.com/video/av14913557/?p=2[2017-09-30].

北京空间科技信息研究所. 2017. 世界各国未来深空探测计划研究. 北京 : 北京空间科技信息研究所 .

柴毅. 2016. 智能化航天发射系统及其关键技术研究. 国防科技，37(1):7-9.

陈明宝，韩立民 . 2016 . “21 世纪海上丝绸之路”蓝色经济国际合作：驱动因素、领域识别与机制构建 . 中国工程科学，18(2):98-104.

陈瑞波. 2014. 浅析卫星遥感影像处理技术. 科技资讯，(32):37.

陈守东，陈敬超. 2011. 铅基核屏蔽材料的研究现状及发展前景展望. 材料导报，(13):58-60, 90.

戴阳利，于淼. 2014. 航天强国发展与启示. 卫星应用，(3):7-14.

杜宗罡，史雪梅，符全军. 2005. 高能液体推进剂研究现状和应用前景. 火箭推进，31(3):30-34, 49.

冯韶伟，马忠辉，吴义田，等. 2014. 国外运载火箭可重复使用关键技术综述. 导弹与航天运载技术，(5):82-86.

高峰，郭为忠，何俊. 2015. 探究智能机器人未来动向. 机器人产业，(4):12-17.

郭世军. 2015. 航天道路 航天精神 航天力量——基于中国航天事业发展的思考. 桂

林航天工业学院学报，80(4):548-552.
郭筱曦．2016．国外载人航天在轨服务技术发展现状和趋势分析．国际太空，(7): 26-32.
国家发展和改革委员会，财政部，国家国防科技工业局 .2015. 国家民用空间基础设施中长期发展规划 (2015—2025 年). http://www.ndrc.gov.cn/zcfb/zcfbghwb/201510/W020151029394688578326.pdf[2019-11-14].
国家发展和改革委员会，国家能源局 .2016. 能源技术革命创新行动计划 (2016—2030 年). http://www.ndrc.gov.cn/fzgggz/fzgh/ghwb/gjjgh/201706/W020170607547578184249.pdf[2019-11-14].
国家海洋技术中心 . 2018. 中国海洋能技术进展 2018. 北京 : 海洋出版社 .
国家海洋局 .2014. 国家海洋局关于印发全国海洋观测网规划 (2014—2020 年) 的通知 . http://gc.mnr.gov.cn/201806/t20180614_1795755.html[2019-11-14].
国家海洋局 .2017. 2017 年中国海洋灾害公报 . http://gc.mnr.gov.cn/201806/t20180619_1798021.html[2019-11-14].
果琳丽，谷良贤，蒋先旺，等．2009．未来 30 年航天运载技术的发展预测．航空制造技术，(18):26-31.
黄才，赵思浩．2017．国家定位导航授时基础设施现状及能力展望．导航定位与授时，4(5):19-26.
金延邦，张彩霞．2013．浅析 GNSS 发展现状及应用．价值工程，(12):204-205.
李博，刘忠义．2018．“一网”系统发展情况分析与启示．国际太空，(4):16-23.
李明．2016．我国航天器发展对材料技术需求的思考．航天器工程，25(2):1-5.
李欣，徐辉，禹旭敏，等．2013．太赫兹通信技术研究进展及空间应用展望．空间电子技术，(4):56-60.
李振宇，张建德，黄秀军．2015．空间太阳能电站的激光无线能量传输技术研究．航天器工程，24(1):31-37.
刘悦，贾茹，李立凌，等．2019．从美国航天基金会《航天报告 (2018)》看世界航天发展态势．国际太空，481(1):47-51.
刘兆平，周旭峰．2013．浅谈石墨烯产业化应用现状与发展趋势．新材料产业，(9):4-11.
栾恩杰，孙棕檀，李辉，等．2017．国防颠覆性技术在航天领域的发展应用研究．中国工程科学，19(5):74-78.
秦旭东，龙乐豪，容易．2016．我国航天运输系统成就与展望．深空探测学报，3(4):315-322.

沈国勤．2007．卫星地球站电磁环境测试方法探析(上)．中国无线电，(10):37-40.
孙红俊，蒋宇平．2013．NASA在国际空间站试验零重力环境下的3D打印技术．军民两用技术与产品，(11):58-60.
孙静芬，袁建华，赵滟，等．2016．颠覆性航天技术的内涵、分类和显示方法浅析．国际太空，(7):34-40.
唐琼，胡东生．2018．2017年世界航天运输领域发展综述及启示．https://mp.weixin.qq.com/s/l7jf4uge_mtotVqiNS1-lQ[2018-03-09].
田立成，王小永，张天平．2015．空间电推进应用及技术发展趋势．火箭推进，41(3):7-14.
王大鹏，赵培，刘立祥．2016．空间信息网发展态势及关键技术．国际太空，(4):42-47.
王芳.2016.中国海洋强国的理论与实践.中国工程科学，18(2):55-60.
王海名．2017．Euroconsult预测未来10年小卫星市场价值达300亿美元．空间科学学报，(6): 647-648.
王辉，万莉颖，秦英豪，等.2016.中国全球业务化海洋学预报系统的发展和应用.地球科学进展，31(10):1090-1104.
王世强，侯妍．2009．天基信息传输系统需求分析．兵工自动化，28(12):51-53.
吴伟仁，刘旺旺，唐玉华．2013．深空探测几项关键技术及发展趋势．国际太空，(12):45-51.
谢军，刘庆军，边朗．2017．基于北斗系统的国家综合定位导航授时(PNT)体系发展设想．空间电子技术，14(5):1-6.
邢强．2018．对美国最新的国家太空战略的分析．https://mp.weixin.qq.com/s/2d0ZHY-88RV_SP5Sw-Tb4A[2018-03-28].
熊薇，阎秋生，张光宇．2015．基于协同创新的研究生拔尖创新人才培养探索——地方理工科院校实施案例．社会工作与管理，15(6):84-87,96.
徐磊．2011．技术预见方法的探索与实践思考——基于德尔菲法和技术路线图的对接．科学学与科学技术管理，32(11):37-41,48.
杨磊．2017．超塑成形技术在航空中的应用．科技视界，(12):26-27,14.
叶培建，果琳丽，张志贤，等．2016．有人参与深空探测任务面临的风险和技术挑战．载人航天，22(2):143-149.
于登云，孙泽洲，孟林智，等．2016．火星探测发展历程与未来展望．深空探测学报，3(2):108-113.
曾小江，江建华．2017．高精度室内外无缝定位与导航方法浅析．江西测绘，

(3):52-53.
张风国，张红波，甄卫民. 2014. PNT 体系结构之 PNT 与通信的融合研究. 全球定位系统，39(1):19-22,33.
张航. 2017. 国外高吞吐量卫星最新进展. 卫星应用，(6):53-57.
张慧芳，张治民. 2008. 钛合金薄壁复杂构件精密成形技术现状及发展. 航空制造技术，(24):47-49.
周磊，张锴. 2015. 水下综合通信定位识别一体化技术研究. 现代导航，(3):310-312.
朱毅麟. 2013. 航天软实力、国际化与航天强国的概念. 航天器工程，22(2): 7-10.
朱雨，杨涓，马楠. 2008. 基于量子理论的无工质微波推进性能计算分析. 宇航学报，29(5):1612-1615.
左朋，潘琳，马尚. 2017. Q/V 频段通信载荷初步分析. 空间电子技术，(1):31-37.

关键词索引

B

C

D

G

H

J

K

L

M

Q

R

S

S

T

W

X

Y

Z